Jean-Claude Ellena

PARFUM

*Ein Führer
durch die Welt der Düfte*

Aus dem Französischen von
Renate Heckendorf

Verlag C.H.Beck

Mit 16 Abbildungen
Seite 2, 12, 53, 83, 129 © Brice Toul
Seite 153 © Angela Andriot, http://vetiveraromatics.com

Die Originalausgabe erschien unter dem Titel «Le parfum»
© Presses universitaires de France, Paris 2007 (²2010)

Die vorliegende Übersetzung wurde unterstützt vom
Ministère français chargé de la culture – Centre National du Livre.

Redaktion: Bettina Braun
Fachliche Beratung: Dr. Karl Königsdorfer

Für die deutsche Ausgabe
© Verlag C.H.Beck oHG, München 2012
Gesetzt aus der Sabon im Verlag
Druck und Bindung: Druckerei C.H.Beck, Nördlingen
Umschlaggestaltung: Geviert – Büro für Kommunikationsdesign,
München, Christian Otto
Umschlag: Ornament © ftelkov/shutterstock
Printed in Germany
ISBN 978 3 406 63928 9

www.beck.de

FÜR SUSANNAH

INHALTSVERZEICHNIS

7

8

EINLEITUNG

Zu Beginn des 20. Jahrhunderts saß der Parfumeur, als er noch einen weißen Kittel trug, vor einer orgelähnlichen Aufstellung an Ausgangsstoffen in einem mit Düften gesättigten Laboratorium und stellte seine Parfums zusammen. Er hatte eine enge, geradezu körperliche Beziehung zu den Materialien. Die Formeln, in der Fachsprache Formulierungen genannt, wurden dabei wie Kochrezepte in Mengenangaben ausgedrückt: Liter, Deziliter, Zentiliter und Tropfen, manchmal auch nur eine Prise. Zu seinen Geräten gehörten Phiolen, Büretten und Tropfe. Seine Ingredienzien waren Resinoide, Absolues, ätherische Öle, Spülungen und Aufgüsse, die alle durch physikalische Reaktionen der pflanzlichen Rohstoffe gewonnen wurden, und, auch damals schon, zahlreiche Stoffe chemischen Ursprungs.

Heute dient mir mein Wohnhaus als Arbeitsstätte. Dieser an weiße und graue Felsen gekoppelte Ort kann einen kargen Eindruck hinterlassen. Es blühen dort nur etwas Ginster und wilder Lavendel. Das Wohnzimmer mit seinen großen Glasfenstern wurde zu einer Büro-Werkstatt umfunktioniert. Im Sommer scheint das Licht großzügig zwischen den Zweigen der Pinien hindurch, im Winter nehmen die Bäume eine goldgrüne Farbe an, und das Licht verbreitet eine schwermütige Stimmung. Bei schönem Wetter kann ich von meinem Büro aus das Mittelmeer sehen, das zur Linken von den Provenzalischen Voralpen bei Grasse und zur Rechten vom Esterel-Gebirge eingerahmt wird.

Zum Erfinden und Schreiben einer Parfumformulierung halte ich mich so weit wie möglich von Versuchslabor und

11

ELLENAS MODERNES HAUS IN CABRIS (GRASSE)

Ingredienzien fern, um mich vor deren Gerüchen zu schützen, die langfristig den Geruchssinn beeinträchtigen. Auf
meinem Tisch liegen Papierblätter, einige Bleistifte, ein Ra-
diergummi, es stehen Dutzende kleine, gut verschlossene
Flakons sowie – in einer Vase – lange, schmale Löschpapierstreifen, auch Teststreifen genannt.

Mithilfe meines olfaktorischen Gedächtnisses bearbeite
ich Dutzende Duftbestandteile, die ich auswähle, eintrage,
nebeneinanderstelle und dosiere. Die Frage, ob etwas gut
oder schlecht riecht, ist hier bedeutungslos, die Riechstoffzubereitungen sind wie Worte, mit denen ich eine Geschichte erzählen kann. Jedes Parfum hat seine eigene Syntax,
seine Grammatik. Meine Nase ist dabei nur ein Kontroll-

instrument. Sie erlaubt mir zu riechen, zu vergleichen und zu bewerten, damit ich beurteilen, korrigieren und die laufende Arbeit wieder aufnehmen kann.

Eine Assistentin unterstützt mich bei meiner Arbeit. Ihr Aufgabenbereich umfasst hauptsächlich das Abwiegen der Bestandteile der Formulierungen, wobei sich die Genauigkeit im Milligrammbereich bewegt, die Umsetzung der Verbindung des Parfumkonzentrats mit der Trägersubstanz, die genaue Verwaltung der Sammlung von Parfumbestandteilen und die Überprüfung ihrer Qualität.

KAPITEL I

DIE GEBURT DES MODERNEN PARFUMS

Die moderne Parfumindustrie entstand gegen Ende des 19. Jahrhunderts. Das bis dahin aristokratische Handwerk der Parfumherstellung wird durch den technischen Fortschritt befreit und auf diese Weise durch eine eroberungslustige, bürgerliche Industrie ersetzt.

In dieser Zeit heißen die Parfumeure Agnel, Arys, Bichara, Caron, Clamy, Coty, Coudray, Delletrez, Émilia, Félix Potin, Gabilla, Gellé frères, Gravier, Grenoville, Guerlain, Houbigant, Lentheric, Lubin, Millot, Molinard, Mury, d'Orsay, Pinaud, Piver, Rigaud, Roger & Gallet, Rosine, Violet, Volnay. Diese Namen sind häufig die der Parfumfabrik selbst, sie sind Präsident, Finanzchef, Produktionsleiter und Parfumeur in Personalunion.

Obgleich die in Grasse ansässigen Fabriken ihnen die geläufigen Mittel wie Spülungen, Aufgüsse und Absolues liefern, haben die Parfumeure schnell die Bedeutung der chemischen Erzeugnisse erkannt, dieser Moleküle des Fortschritts, die in Frankreich von den Rhône-Werken und vor allem in Deutschland durch die Unternehmen Schimmel sowie Haarmann & Reimer hergestellt werden. Sie zögern nicht, diese in ihren Kreationen zu verwenden.

In den Fabriken der Vorstädte von Paris werden die Schöpfungen, die Zubereitungen und die Verpackungen umgesetzt. Die Läden für den Verkauf befinden sich zumeist in der Rue Royale, der Rue du Faubourg-Saint-Honoré, in der Avenue de l'Opéra und an der Place Vendôme oder im Zentrum der großen Städte wie Lyon, Lille, Bordeaux oder Marseille. Darüber hinaus sind sie in den Metropolen vertreten – Moskau, New York, London, Rom oder Madrid.

Der Ursprung dieser modernen Parfumherstellung ist die Chemie. Auf der Grundlage der Empirie und der Untersuchung der Bestandteile ätherischer Öle schaffen die Chemiker die ersten synthetischen Moleküle. Um nur ein Beispiel zu nennen: 1900 sind 8 Bestandteile der Rose bekannt, in den 1950er-Jahren sind es 20, in den 1960ern 50, und gegen Ende des 20. Jahrhunderts konnten mehr als 400 verschiedene Inhaltsstoffe bestimmt werden. Die heutzutage häufig verwendeten synthetischen Produkte, wie Aldehyde, Ionone, 2-Phenylethanol, Geraniol, Citronellol, Benzylacetat, Kumarin, Vanillin, stammen aus dem ersten Jahrzehnt des 20. Jahrhunderts, ebenso wie bestimmte synthetische Stoffe, die nicht in der Natur vorkommen, etwa Hydroxycitronellal und die ersten Moschus-Erzeugnisse.

Aus Sicht der zu Beginn des 20. Jahrhunderts tätigen Parfumeure weisen die synthetischen Produkte nicht die Komplexität der natürlichen Erzeugnisse auf, an die sie sonst gewöhnt sind. Sie werden zwar als interessant, aber als derb und mitunter unangenehm wahrgenommen. Um dem abzuhelfen, sind die industriellen Hersteller, die diese Stoffe produzieren, dazu übergegangen, selbst harmonische Mischungen aus natürlichen Produkten und synthetischen Molekülen zu gewinnen, die somit zu den ersten Duftbausteinen der modernen Parfumerie wurden.

Während die Chemiker zunächst versuchen, die Natur zu verstehen, bedeutet die Verwendung synthetischer Produkte für die Parfumeure eine Befreiung vom obligatorischen Bezug zur «Natur», die für ihr Schaffen neue Horizonte eröffnet. So hat das in der Parfumerie verwendete Ambra, ein Duftbaustein, nichts mit dem gelben Bernstein aus fossilem Harz (frz. *ambre jaune*) oder dem aus dem Verdauungstrakt des Pottwals abgesonderten Ambra zu tun. Vielmehr handelt es sich um den ersten abs-

trakten Duft in der Geschichte der Parfumerie, der Ende des 19. Jahrhunderts aus der Erfindung des Vanillins entstand. Eine einfache Mischung aus Vanillin, einem synthetischen Produkt, und Labdanum, einem natürlichen Erzeugnis, wird zu einer Geruchskonvention, die Ursprung einer phantastischen Anzahl von Parfums ist.

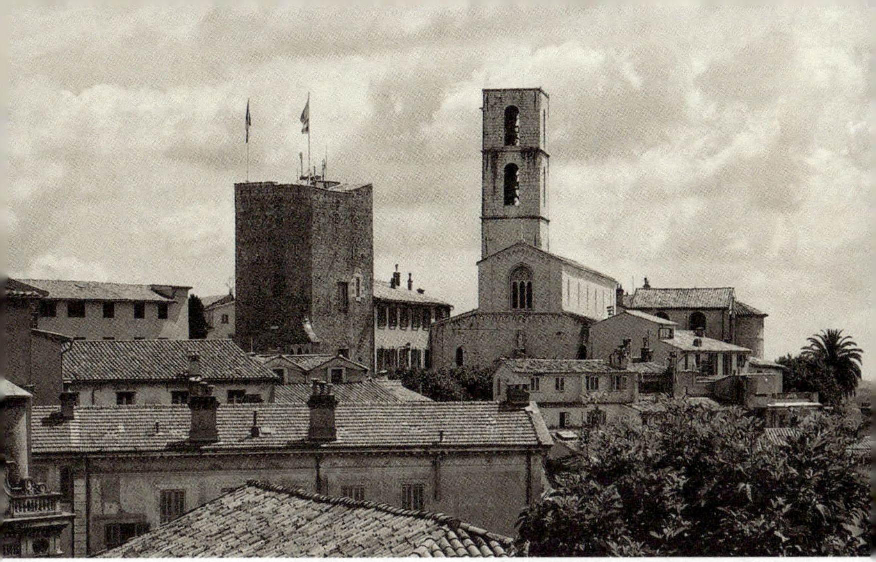

Zu Beginn des Jahrhunderts alternieren die Parfums zwischen bildlicher und erzählender Kreation und tragen einfache Blumennamen: «Rose», «Pois de Senteur» (Wicke), «Violette» (Veilchen), «Héliotrope» (Vanilleblume), «Cyclamen» (Alpenveilchen), oder anschauliche Bezeichnungen wie «Ambre Antique» (Antiker Ambra), «Faisons un Rêve» (Lasst uns träumen), «Quelques Fleurs» (Einige Blumen), «Cœur de Jeannette» (Das Herz der weißen Narzisse), «Chypre» (Zypern), «N'aimez que Moi» (Lieben Sie nur mich), «Après l'Ondée» (Nach dem Re-

genguss), usw. Die Archetypen des 20. Jahrhunderts entstehen in der Unsicherheit des Schaffensprozesses, mithilfe der Moleküle des Fortschritts, dieser «künstlichen Parfums», wie man sie damals nannte.

In dieser Kunstindustrie, in der Frankreich sich auszeichnet, beeinflussen vor allem zwei Männer die Parfumerie.

Der Erste ist François Coty. Das Parfum ist für diesen ehrgeizigen Parfumeur vor allem ein Gegenstand, der betrachtet wird. Dadurch, dass sich der Laden vom Glasmachermeister und Schmuckhersteller René Lalique ebenso wie der des Parfumeurs an der Place Vendôme befindet, begegnen sich die beiden Männer. Aus ihrer ersten Zusammenarbeit entsteht das Parfum «L'Effleurt» (1907), mit dem erstmals ein eigens für ein Parfum geschaffener Flakon angeboten wird. François Coty wirft die Traditionen über den Haufen, indem er in seinen Schaufenstern ein einziges Parfum zur Schau stellt; als weitere Neuerung veröffentlicht er einen Katalog, in dem nur 20 Düfte angeboten werden, und fasst seine Idee in diesen wenigen Worten zusammen: «Geben Sie einer Frau das beste Produkt, das Sie herstellen können, bieten Sie es in einem perfekten Flakon an, der zwar von schöner Einfachheit, aber tadellosem Geschmack ist, lassen Sie sie einen vernünftigen Preis dafür bezahlen, und es wird ein Handel entstehen, wie ihn die Welt noch nicht gesehen hat.»[1]

Der Zweite, Paul Poiret, ist ein berühmter Modeschöpfer, der einen aristokratischen Lebensstil pflegt. Dieser kühne, eigenwillige Ästhet, der hohe Anforderungen an seine Arbeit stellt und gerne feiert, ist die Verkörperung des Dandys der Belle Époque mit seiner Lebensfreude und seiner Unbekümmertheit. Trotzdem begreift er, wie wichtig es ist, seine gesamten Produkte zu signieren. Damit wird er der erste Modeschöpfer, der Lizenzverträge für seine Erzeugnisse einsetzt.

Darüber hinaus verpflichtet er als erster Modeschöpfer für seine Marke «Les Parfums de Rosine» einen Parfumeur, den ausgebildeten Chemiker Maurice Shaller. Zwischen 1910 und 1925 stellen zunächst er und später Henri Alméras bis zu 50 neue Parfums her. Die Kunstschule Paul Poirets – das nach dem Vornamen einer seiner Töchter benannte «Atelier de Martine» – liefert die Verpackungen. Paul Poiret selbst zeichnet die meisten Flakons.

Die in diesem Zusammenhang entstandenen Verbindungen zwischen Modeschöpfung, Warenzeichen und Parfum sind von nun an nicht mehr zu trennen. Zu Beginn der 1920er-Jahre versetzen die neuen Modeschöpfer, wie etwa die Schwestern Callot, Mademoiselle Chanel, Jeanne Lanvin, Jeanne Paquin, Jean Patou, Lucien Lelong und Madeleine Vionnet, die Zunft der Parfumeure in Aufruhr.

Die damals sehr populäre Schriftstellerin Colette analysiert diese Verbindung in der Zeitschrift «L'Excelsior»: «Der Modeschöpfer ist mehr als sonst irgendjemand befähigt zu wissen, was Frauen brauchen, was zu ihnen passen soll … In ihren Händen wird das Parfum zu einer Ergänzung der Aufmachung, ein unvorsehbares und nötiges Tüpfelchen auf dem i der individuellen Erscheinung, von allem Überflüssigen das Unentbehrlichste … Das Parfum muss das melodische Thema, den klaren und direkten Ausdruck der Trends und des Geschmacks unserer Zeit verkörpern.»

Die Schwestern Callot haben mehrere Parfums im Programm, die sie in ihren Läden ausschließlich ihren besten Kundinnen anbieten. Sie tragen Namen wie «Mariage d'Amour» (Liebesheirat), «La Fille du Roi de Chine» (Die Tochter des Königs von China) oder «Bel Oiseau Bleu»

19

(Schöner blauer Vogel). Mademoiselle Chanel, die Paul Poiret zufolge den schäbigen Luxus vertritt, wendet sich an das Unternehmen Rallet, um ihren Kundinnen ihrerseits auch ein Parfum offerieren zu können. Dieser in La Bocca bei Cannes ansässige Produzent von Parfumerie-Ausgangsstoffen ist der Erste, der Parfums auf Bestellung herstellt. Dort lernt sie Ernest Beaux kennen, ihren zukünftigen Parfumeur, und beauftragt Pierre Wertheimer, den Eigentümer der «Parfums Bourjois», damit, sich um ihr Parfum zu kümmern. Zu diesem Zeitpunkt zeichnet sich das Haus Chanel bereits durch seinen Sinn für das Sachliche und Schlichte aus. Zu ihrem Parfum und dem dazugehörigen Flakon äußert sie sich in diesen wenigen Worten: «Als Parfumeur würde ich meine ganze Aufmerksamkeit dem Parfum, nicht aber der Präsentation widmen ... und um es unnachahmlich werden zu lassen, sollte es sehr teuer sein.»[2] Im Jahr 1921 kommt das Parfum «N° 5» von Chanel auf den Markt.

Jeanne Lanvin nimmt den Parfumeur André Fraysse, den Sohn des Parfumeurs des Pariser Hauses «La Marquise de Luzy», in ihren Dienst. Im Jahre 1927 kreiert er «Arpège», 1932 folgt «Scandale». Jean Patou, ein anderer beliebter Modeschöpfer, verpflichtet den Parfumeur Henri Alméras, der gerade erst «Les Parfums de Rosine» verlassen hat und für ihn Parfums komponiert, die häufig amerikanisch klingende Namen erhalten, etwa «Cocktail», «Colony» oder «Joy».

Lucien Lelong ist und bleibt jedoch der «Produktivste» unter den Parfumeuren. Er führt die Inszenierung der Flakons ein und bringt zwischen 1925 und 1950 bis zu 40 Parfums auf den Markt. Madeleine Vionnet schließlich, die Erfindungsreichste unter den Kreativen, schafft ihre Modelle unmittelbar an der Frau. Das besondere Merkmal ihrer Parfums ist die Verdoppelung des Namens einer Metropole: «Paris, Paris»; «New York, New York»; «Milan, Milan».

Anlässlich der internationalen Ausstellung für Kunstund produzierendes Gewerbe treten Parfumeure und Modeschöpfer in einen Wettstreit der Phantasie. Die wichtigsten Parfumeure sind Guerlain, der für diese Gelegenheit «Shalimar» geschaffen hat; Lubin, der das unvergängliche «Eau de Lubin» präsentiert; Piver, der die größte Produktvielfalt anbietet; «Les Parfums de Rosine» des großen Modeschöpfers Paul Poiret und Coty.

In den 1930er-Jahren beherrscht François Coty die Welt des Parfums, seine extremen politischen Ansichten und seine Großmannssucht führen jedoch dazu, dass er sich verschuldet. Er stirbt am Ende des Jahrzehnts, während seine Geschäfte allmählich absacken. Die Marke Coty, die heute im Bereich der publikumswirksamen Parfumerie die Bekannteste ist, überlebt in den Vereinigten Staaten. Unter dem Einfluss der amerikanischen Modeschöpferin Elizabeth Arden und der italienischen Schneiderin Elsa Schiaparelli werden die Flakons in Paris dagegen skulptural, mitunter ausgefallen, frech oder spöttisch. Der surrealistische Maler Salvador Dalí zeichnet aus Freundschaft für Elsa Schiaparelli den «Roy Soleil» (Sonnenkönig): Die Schatulle ist eine goldene Muschel, die auf raffinierte Weise einen Flakon zum Themenkreis Meer einschließt; eine der Strahlen des sonnenförmigen Stöpsels taucht in das Parfum ein und dient als Tropfstab zum Auftragen des Parfums.

Im Jahre 1931 wird Frankreich von der Weltwirtschaftkrise erfasst. Der Wahlsieg der Volksfront 1936 lässt Träume wieder aufleben. Es kommen die ersten Massenkonsumprodukte auf: Shampoos, Sonnenöle, Waschpulver, deren Düfte uns nachhaltig prägen werden.

21

Die Parfums bleiben auch am Ende des Zweiten

Weltkriegs ein Privileg des Bürgertums. In dieser Zeit sind «Chypre» (Zypern) von Coty, «Quelques Fleurs» (Einige Blumen) von Houbigant, «Mitsouko», «L'Heure Bleue» (Die blaue Stunde), «Shalimar» und «Vol de Nuit» (Nachtflug) von Guerlain, «Tabac Blond» (Heller Tabak) von Caron, «N° 5» von Chanel, «Arpège» (Arpeggio) von Lanvin und «Tabu» von Dana beliebt. Die Neuschöpfungen sind «Femme», ein von dem unabhängigen Parfumeur Edmond Roudnitska kreiertes Parfum, das Marcel Rochas zum Zeitpunkt der Befreiung von der deutschen Besatzung per Subskription auf den Markt brachte; das von Germaine Cellier komponierte «Bandit» von Piguet und «Miss Dior» von Jean Carles – Letztere sind beide Parfumschöpfer des Unternehmens Roure-Bertrand, eines Rohstoffproduzenten, der Parfums für alle neuen Modeschöpfer herstellt. Paris wird wieder zum Leitstern der Modewelt, die Parfümerieindustrie folgt somit der Haute Couture.

In den 1950er-Jahren spaziert das olfaktorische Gedächtnis mit «Vent Vert» (Grüner Wind) von Pierre Balmain, «Muguet du Bonheur» (Glücksmaiglöckchen) von Caron, «Premier Muguet» (Erstes Maiglöckchen) von Bourjois und dem zauberhaften «Diorissimo» von Dior an Maiglöckchenbeeten entlang. Strenge, elegante Düfte von Wurzeln und Holz sind – mit einem Vetiver, einem tropischen Süßgras, bei Carven, Givenchy und Guerlain – für die Herren bestimmt.

Getragen von der Konsumwelle der 1960er-Jahre nehmen die amerikanische Firma International Flavors and Fragrances (IFF) sowie die Schweizer Unternehmen Firmenich und Givaudan talentierte Parfumeure in ihren Dienst, um ihre Herstellungszentren für Parfümeriewaren weiterzuentwickeln, und gründen Schulen, um ihre zukünftigen Parfumschöpfer auszubilden.

Die Forschung wird intensiviert und die Anwendung neuer Analysetechniken, wie die Gaschromatografie und die Massenspektrometrie, beschleunigt die Bestimmung der in den Blütenextrakten enthaltenen Bestandteile. Diese Analysewerkzeuge werden auch eingesetzt, um die Konkurrenz auszuforschen und somit auch die bereits auf dem Markt befindlichen Parfums. Die auf dieser Grundlage erdachten neuen, synthetischeren Parfums werden ihrerseits Archetypen zukünftiger Produkte des Massenkonsums.

1966 führt Christian Dior «Eau Sauvage» (Wildwasser) ein und erzielt damit sofort Erfolg auf internationaler Ebene. Durch seine Einfachheit und Strenge erneuert dieses Eau de Toilette die Parfumindustrie und löst eine Welle neuer Kreationen aus. Um das Wort «Wasser» (Eau) herum entsteht eine Fülle femininer, maskuliner und androgyner Duftwässer. Vierzig Jahre nach seiner Schöpfung ist der Erfolg von «Eau Sauvage» nicht mehr zu bestreiten.

In den 1970er-Jahren treten neue Akteure in die Welt des Parfums ein: die Juweliere. Van Cleff & Arpels bringt 1976 «First» auf den Markt, und Cartier bietet 1981 «Must» an.

Die Luxusparfumerie geht von einer intuitiven Vermarktung, die durch die von einer herrschenden Klasse getroffene Auswahl gekennzeichnet war – entsprechend ihrer Lebensweise, einem Namens- und Objektkult sowie einer Fertigung in beschränkter Stückzahl –, zu einem «Nachfragemarketing» über. Letzteres umfasst eine Analyse der Konkurrenz, des Marktes sowie des kulturellen, wirtschaftlichen und sozialen Umfelds. Die Marketingstrategie besteht darin, den Rausch, die Phantasiegebilde, die Leidenschaft in Zeichen und Symbolen zu versinnbildlichen und ein Objekt des Verlangens zu schaffen. Mit dem 1976 von Yves Saint Laurent auf den Markt gebrach-

ten «Opium» überschreitet das Parfum die Tabus von Realitätsflucht und Sinnlichkeit; es soll, nach dem Vorbild der Frau, heilig und geheimnisvoll sein. «Opium», das durch das Parfum «Youth Dew» von Estée Lauder angeregt und mit einem umfangreichen Werbebudget eingeführt wurde, ist die französische Antwort auf die mit dem Parfum «Charlie» von Revlon verbundene Kampagne. Es kam drei Jahre zuvor in den Vereinigten Staaten auf den Markt und vermittelte als erstes Parfum einen Lebensstil. Die Marke Cacharel rückt mit dem 1978 lancierten Parfum «Anaïs Anaïs» dagegen eine andere Form des Ausdrucks in den Vordergrund: Die beauftragte Fotografin Sarah Moon soll den durch den verdoppelten Frauenvornamen anklingenden Dualismus von Unschuld und Sinnlichkeit, nach dem das Parfum benannt ist, heraufbeschwören.

Fortan werden zahlreiche Parfums nach amerikanischem Vorbild auf den Markt gebracht, versehen mit hohen Werbeetats auf Kosten der Parfumkonzentrate, die nun um die Hälfte verbilligt werden. Um die Marketingexperten zufriedenzustellen, bringen die Hersteller die ersten Parfumklassifizierungen heraus und finanzieren Marktstudien je nach vermutetem Kundentyp (siehe Kap. VIII).

Zur Absicherung der Produktion ist die Struktur natürlicher Produkte Gegenstand vertiefter Forschungen. Es werden neue Technologien, darunter die Head-Space-Analyse, gefördert: Leistungsfähige Moleküle, die wie der Moschus aus der Waschmittelentwicklung hervorgegangen sind, werden immer häufiger verwendet. Durch den reichlichen Gebrauch synthetischer Produkte werden die neuen Parfums – nach dem Vorbild der «Nouvelle Cuisine» – immer stabiler und wirksamer. Dabei verlieren sie den dickflüssigen, reichhaltigen und lieblichen Charakter der früheren Parfums.

In den 1980er-Jahren wird alles zum «Produkt»: die Kultur, die Literatur, die Musik, die Mode und, a fortiori, die Parfums. Die, die sich durchsetzen, sind das Parfum der Prominenten «Giorgio» von Beverly Hills (1981) und «Poison» von Christian Dior (1985), das die Liebe und den Tod assoziieren lässt. Gleichzeitig gibt es in der Öffentlichkeit, die mittlerweile seit einigen Jahrzehnten an den Geruch der in Reinigungsmitteln und Weichspülern verwendeten, Sauberkeit anzeigenden Moleküle gewöhnt ist, eine völlige Akzeptanz dafür, dass sie auch im Eau de Toilette enthalten sind. Die Prototypen dieser einfachen, geradlinigen, einprägsamen und bestimmbaren olfaktorischen Botschaft, die sich insbesondere an Männer richtet, sind «Drakkar noir» von Guy Laroche (1982) und «Cool Water» von Davidoff (1988) in Europa und in den Vereinigten Staaten «Eternity» von Calvin Klein (1989).

In den 1990er-Jahren macht sich das Marketing, das die Trendzeitschriften und den Zeitgeist verfolgt, die Philosophie des New Age zunutze, einer geistigen Bewegung, die ihren Ursprung in Kalifornien und Schottland hat und eine Esoterik zur Verbesserung des Wohlbefindens, die Rückkehr zur Natur sowie die Ablehnung des Fortschritts lehrt. Mit «New West» von Estée Lauder (1988), gefolgt von «Escape» von Calvin Klein (1991) und «Kenzo pour Homme» (1991) übersetzen die Parfumeure einige Symbole dieser Bewegung, wie das Meer und den Ozean, in Düfte, was eine Flut von Meeresgerüchen zur Folge hat, die den Markt überschwemmen.

Da sich Männer und Frauen in einer unüberschaubaren Welt verloren fühlen, werden wir in diesen Jahren Zeuge eines auf die Identität bezogenen Anspruches, der alle Bereiche umfasst: Religion, Musik, Bekleidung. Dieser drückt sich in einer Anhäufung von Kleidern und Zeichen

25

aus, die die Zugehörigkeit zu dem Stamm anzeigen, der dieselben Attribute aufweist. In der Werbung für das Unisex-Eau-de-Toilette «ck One» greift Calvin Klein diese Zeichen auf und deutet sie; im Gegensatz zu den 1968er-Jahren, in denen ein Unisex-Eau-de-Toilette als gemeinschaftliches Parfum aufgefasst wurde – für dich UND für mich –, wird der gemischte Charakter des Eau de Toilette 1994 jedoch als etwas Individuelles verstanden: Es ist für mich ODER für dich. Mit einem Apothekenflakon – einer Botschaft der Unlust, die das Schuldgefühl für den Kaufakt aufheben soll – und ihren «sauberen und gleichberechtigten» Kindern gelangen wir in die Zeit, in der die Hygiene großgeschrieben wird.

Die Auswirkungen des politisch Korrekten führen zu einer neuen Erstarrung. Estée Lauder drückt die Rückkehr zur Tradition in der Kommunikationsstrategie für ihr Parfum «Beautiful» (1986) aus, desgleichen Elizabeth Arden mit «True Love» (1994).

Als Antwort auf diese puritanischen Werte gönnt sich Frankreich sinnliche Düfte mit Gourmandnote von Zuckerwatte, Schokolade, Tee, Feige, Pflaume, Praline, Lakritz, usw. Das 1992 von Thierry Mugler auf den Markt gebrachte Parfum «Angel» ist das erste dieses neuen Trends.

In der Welt des Parfums stehen sich zwei Kulturen unvereinbar gegenüber: die romanische und die angelsächsische.

Unter amerikanischem Einfluss und weil die Forschung der Wahrheit noch näherzukommen versucht, werden neue Techniken und Werkzeuge entwickelt, um die «Natur» einzufangen, etwa die Festphasenmikroextraktion (SPME-Analyse) oder die Kohlendioxidextraktion.

Zu Beginn des 21. Jahrhunderts haben Frankreich und die Vereinigten Staaten den Weltmarkt für Parfumeriewaren unter sich aufgeteilt. Zehn Gesellschaften halten 60 % des

Marktes. Die Parfums setzen sich durch, in ihrer Gestaltung sind sie einander ähnlich, das Einzigartige ist selten. Es gibt ein Überangebot an Neueinführungen, der Lebenszyklus der Produkte wird immer kürzer, die Aufmachung ist mitunter gimmickhaft, eine Verbreitung durch die Medien unerlässlich. Der Geschmack globalisiert und vereinheitlicht sich.

Aus Opposition, oder aus Widerstand, kommen neue Marken auf: The Different Company, Diptyque, Les Éditions de parfums Frédéric Malle, Serge Lutens, L'Artisan Parfumeur. Diese «Nischenparfums», die ohne Werbung und Marktstudien auskommen, tragen zur Aufwertung des Parfums als Luxusprodukt bei und bieten der Phantasie neue Sehnsüchte. Das Haus Hermès stellt 2004 einen Parfumschöpfer als Leiter der Herstellung ein. 2006 folgt die Gesellschaft LVMH dieser Entwicklung und verpflichtet ihrerseits einen Parfumeur für die Gesamtheit ihrer Marken; Guerlain tut zwei Jahre später dasselbe. Und so stellen zahlreiche Marken am Beginn des 21. Jahrhunderts wieder einen Parfumeur ins Zentrum ihres Gewerbes.

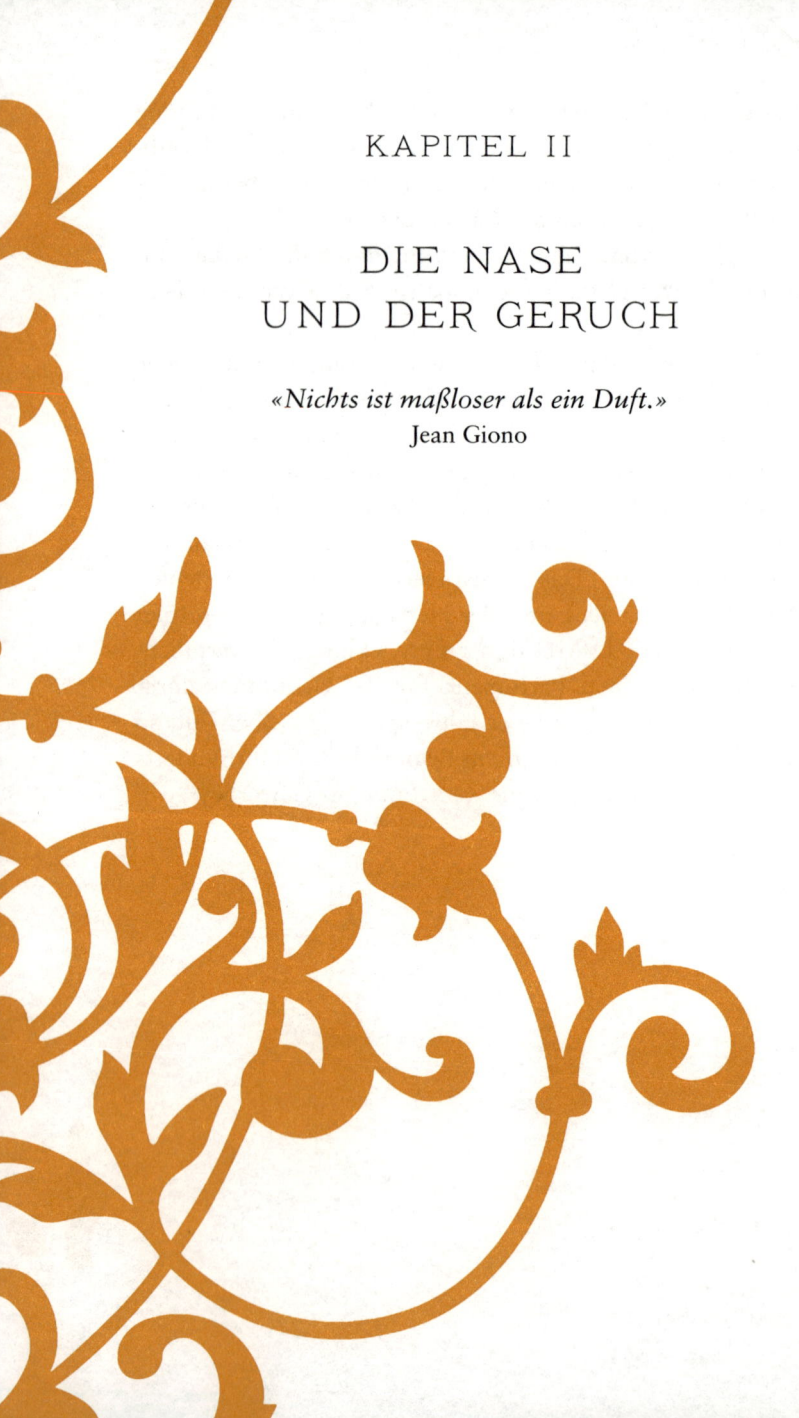

KAPITEL II

DIE NASE
UND DER GERUCH

«Nichts ist maßloser als ein Duft.»
Jean Giono

Der Geruchssinn ist unter allen Sinnen derjenige, der im Tierreich die größte Verbreitung hat, sei es in der Luft, im Wasser, auf oder unter der Erde; selbst die Bakterien verfügen über ein sensorisches System, um Gerüche ausmachen zu können. Der menschliche Geruchssinn ist zwar weniger leistungsfähig als der von Tieren (Hund, Katze), hat aber erheblichen Anteil am Gefühlsleben. Denken Sie an das Vergnügen am Geruch eines Holzfeuers, eines Kleidungsstückes, der Haut, das rauschhafte Züge annehmen kann. Der Schmerz über den noch verbliebenen Geruch der Person, die gegangen ist. Verlangen und Vergnügen an einem Geschmack, einem Wein, einer Speise. Die Abneigung gegen den Geruch des Krankenhauses, der für Unwohlsein steht. Die Wachsamkeit beim Geruch von Rauch, Gas, Luftverschmutzung, usw.

Der olfaktorische Sinn ist, wie das Sehen, vor allem ein Sinn, der aus der Entfernung arbeitet, und er ist ein leistungsfähiges Ortungssystem, das zum Überleben des Einzelnen und der Spezies beiträgt. Die nachfolgenden Erläuterungen werden uns ein besseres Verständnis dieses verkannten Sinnes ermöglichen.

I. DER GERUCHSSINN

Der Sitz des Geruchssinns. – Er ist im oberen Bereich der beiden Nasenhöhlen angesiedelt. Ein in beiden Nasenlöchern befindliches Epithel – ein Gewebe mit einer Oberfläche von etwa 2 bis 5 cm^2, das mit 6 bis 10 Millionen

29

Geruchsrezeptoren versehen ist – ermöglicht uns eine Geruchswahrnehmung quasi in Stereo. Es bildet die erste Stufe unseres Geruchssinnes.

II. DIE OLFAKTORISCHE WAHRNEHMUNG

1. Das olfaktorische System. – Es umfasst drei Ebenen.
Das Riechepithel: In ihm befinden sich mehrere Millionen Riechzellen (Geruchsrezeptoren). Aus jeder Zelle gehen etwa zehn in den mukösen Schleim der Riechschleimhaut eintauchende Zilien hervor, in die Rezeptorproteine eingelagert sind. Um geortet werden zu können, müssen sich die mit der Atemluft transportierten Duftmoleküle zunächst in diesem wässrigen Milieu auflösen und sich dann (vorübergehend) an den Zilien mit den darin untergebrachten Chemorezeptoren festsetzen. Jede Rezeptorzelle entspricht nur einem einzigen Typ von Chemorezeptoren.

Eine erstaunliche Besonderheit dieser Rezeptorzellen besteht darin, dass sie sich alle 30 bis 40 Tage regenerieren, wodurch die Fortdauer und die Qualität der olfaktorischen Wahrnehmung gesichert wird.

Der Riechkolben: Der Riechkolben oder Bulbus olfactorius befindet sich an der Basis des Hirnschädels. Er ruht auf einer dünnen, löchrigen Knochenplatte, dem sogenannten Siebbein. Diese wird von Riechnerven durchzogen, die ihn mit dem Riechepithel verbinden. Sobald sich die Duftmoleküle an den Zilien festsetzen, erhalten die Rezeptorzellen von den aktivierten Chemorezeptoren elektrische Signale, die über die Geruchsnerven in bestimmten Regionen des Riechkolbens zusammenlaufen. Der Riechkolben

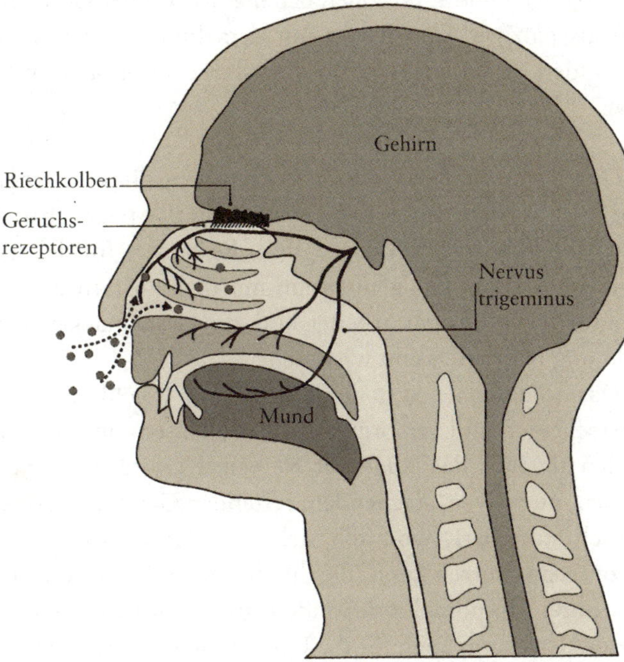
Gehirn
Riechkolben
Geruchs-
rezeptoren
Nervus
trigeminus
Mund

dient dann als Filter und erkennt einen Teil der übermittelten Informationen. Er verdichtet die Informationen und sendet sie über den Tractus olfactorius zum Gehirn, das diese verarbeitet.

Das Gehirn: Die Informationen werden vom Riechkolben über den Tractus olfactorius zum olfaktorischen Kortex geleitet, der sie auf mehrere Hirnregionen verteilt, wie etwa die Amygdala, den Hippocampus, den Thalamus und den orbitofrontalen Kortex. Mehrere dieser Strukturen gehören zum limbischen System, das an die Verarbeitung von

Erinnerungen und Emotionen beteiligt ist. Da der Geruchssinn als einziger Sinn direkt mit dem limbischen System verbunden ist, haben Gerüche eine starke emotionale Wirkung.

2. *Das trigeminale System.* – Neben dem olfaktorischen sind noch weitere sensorische Systeme in der Lage, chemische Moleküle zu orten. Dies gilt insbesondere für das trigeminale System, das gemeinsam mit dem gustativen und olfaktorischen System arbeitet und zur Geschmackswahrnehmung beiträgt, wenn wir essen.

Das trigeminale System ist klar vom Riechkolben zu unterscheiden und versorgt sowohl die Nasen- und Mundhöhlen als auch das Auge mit Nerven. Es wird durch beißenden, intensiven, stechenden, reizenden Geschmack oder Geruch stimuliert, wodurch sich der Mensch sofort vor Reizungen schützen kann, die durch chemische Substanzen wie Säure, Ammoniak oder andere giftige Stoffe entstehen. Dieser Nerv sorgt auch für die Empfindung von Würzigkeit oder den Eindruck von Frische, wie er durch den Geruch und den Geschmack von Minze erzeugt wird.

III. DER GERUCH

1. *Die Wahrnehmung des Geruchs.* – Während sich die Wissenschaft für die Physiologie des Geruchssinns interessiert, versucht die einer zunehmenden Konkurrenz ausgesetzten Industrie, die Technik der Parfumzusammensetzung so zu beherrschen, dass messbare und verlässliche Ergebnisse erzielt werden können; sie hat daher Messgeräte für etwas entwickelt, was bisher nicht messbar war: den Geruch.

Da der Geruch im Verhältnis zur Menge der in der Luft

enthaltenen Moleküle und der Intensität eines jeden Moleküls steht, haben die Unternehmen den Begriff des «olfaktorischen Wertes» erfunden. Dabei handelt es sich um ein Maß, das sich auf das Verhältnis zwischen zwei weiteren Maßen gründet: dem Dampfdruck und dem Messgrenzwert.

2. *Der Dampfdruck.* – Dieser ermöglicht die Messung der Flüchtigkeit duftender Stoffe durch eine Quantifizierung der abgegebenen Moleküle mithilfe der Head-Space-Analyse. Der Dampfdruck wird in µg/l oder Mikrogramm per Liter Luft gemessen (1 µg entspricht 10^{-6} g pro Liter Luft).

Der Dampfdruck des Vanillins beispielsweise ist mit 2 µg/l gering, sodass dieses wenig flüchtige Aroma die Zeit überdauert. Demgegenüber verflüchtigt sich das Isoamylacetat, das Bananengeruch verströmt und einen hohen Dampfdruck von 24 000 µg/l aufweist, in weniger als einer Minute.

3. *Die Geruchsschwelle.* – Sie erlaubt es festzustellen, bei welcher Mindestkonzentration ein Duft wahrnehmbar ist. Dieser Messwert wird anhand der Methode der Olfaktometrie, eines Riechtests, ermittelt. Der Geruchsschwellenwert wird in ng/l oder Nanogramm pro Liter Luft (1 ng entspricht 10^{-9} g pro Liter Luft) gemessen.

So beträgt etwa der Geruchsschwellenwert des Vanillins 0,02 ng/l, womit das Vanillin sogar in starker Verdünnung wahrgenommen wird, ein starker Kontrast zum Isoamylacetat, das mit 95 ng/l einen geringen Geruchsschwellenwert hat, demnach in verdünnter Form nicht mehr wahrnehmbar ist. Es bleibt jedoch festzuhalten, dass der Geruchsschwellenwert beim Menschen eine starke Schwan-

33

kungsbreite aufweist und dass die Geruchsempfindlichkeit mit zunehmendem Alter langsam abnimmt.

In Abhängigkeit vom Verhältnis zwischen den beiden Maßen sind die Riechstoffe geeignet, bestimmte Wirkungen zu erzielen: Diffusion, Präsenz, Beständigkeit. Diese Messungen haben die Parfumeure in ihrer Erfahrung bestätigt, denn ihre durch empirische Praxis gewonnenen Kenntnisse sind messbar geworden.

4. *Die Unterscheidung.* – Mir ist nichts bekannt, was keinen Geruch hätte. Als Lehrling habe ich nicht nur gelernt, ein Jasmin-Concrète aus Ägypten, Italien oder Grasse über den Geruch voneinander zu unterscheiden, sondern auch zu bestimmen, in welchem Verdampfer ein Absolue hergestellt worden ist: in einem aus Kupfer, Zinn, Edelstahl oder in einem Glaskolben. Die letztgenannte Differenzierungsarbeit war so fein, dass sie einer vergleichenden Untersuchung bedurfte. Mit der Zeit habe ich gelernt, den runden Duft, den man im Kupferbehälter gewinnt, den eleganten Duft, den der Zinnbehälter erzeugt, den metallischen Duft, der im Stahlbehälter entsteht, und den faden Duft, den der Glaskolben hervorbringt, zu erkennen. Diese Beispiele zeigen, dass eine etwas geübte Nase keine Probleme damit hat, Gerüche auseinanderzuhalten.

Wir können in einem Wein drei oder vier Geschmacksrichtungen unterscheiden und ebenso drei oder vier Düfte in einem Parfum. Beim Experten ist die Wahrnehmungsschwelle um den Faktor 10 erhöht. Diese Fähigkeit, deren Aneignung viel Zeit erfordert, ermöglicht es ihm, sowohl Parfums als auch Kopien zu schaffen. Wenn die Unterscheidung schwierig ist, ist es die Bestimmung nicht weniger, denn die Geruchserkennung ist an das Erinnerungsvermögen gekoppelt. Tatsächlich kann auch ein Spezialist nur zehnmal weniger als die 10000 von der Industrie entwickelten Moleküle bestimmen.

5. Die Relativität. – In einer sich wandelnden Umwelt sind die Wahrnehmungen – unabhängig davon, ob es sich um visuelle, olfaktorische, akustische, taktile oder geschmackliche handelt – immer relativ. Die Sinnesempfindungen sind nicht voneinander unabhängig. Sie stehen vielmehr im Verhältnis zu denen, die ihnen vorausgehen, und denen, die sie begleiten, sodass sie uns Beziehungen zwischen Zuständen erkennen lassen. Aufgrund der Tatsache, dass es keine «absolute Nase» gibt, können wir zwei Parfums, an denen wir unmittelbar nacheinander riechen, nicht für sich selbst beurteilen.

Die Beziehungen zwischen Zuständen sind nur dann von Nutzen, wenn wir die Leistungsfähigkeit und die Qualität zweier Zubereitungen des gleichen Parfums beurteilen wollen.

6. Die Wahrnehmung. – Die Wahrnehmung ist die vom Bewusstsein auf der Grundlage von Sinnesempfindungen gebildete Vorstellung von einem Gegenstand. Die Wahrnehmung eines Geruchs variiert je nach Individuum und hängt von der diesem Sinn zugemessenen Bedeutung sowie selbstverständlich auch von Ausbildung und Erfahrung ab.

7. Die Steigerung der Sensibilität. – Die Wiederholung einer Geruchswahrnehmung erhöht unsere Sensibilität. Bietet man einer Versuchsperson über zehn Wochen einen neuen Geschmack an und misst man dann, mithilfe der Magnetresonanztomografie (MTR), in regelmäßigen Abständen die Entwicklung der entsprechenden sensorischen Projektionszentren im Gehirn, stellt man eine Stärkung

35

LAVENDEL ALS WICHTIGER ROHSTOFF ZUR
HERSTELLUNG VON PARFUMS

dieses Bereiches und eine Steigerung der Sensibilität fest. In
der Praxis erinnern wir uns Franzosen alle daran, dass der
Geschmack des Tees vor zwanzig Jahren so fade war, dass
er wie ein Kräutertee getrunken wurde. Durch Erziehung
und durch die intensive Vermarktung dieses Gebräus sind
die Franzosen zu Teekennern geworden. Es haben sich
Spezialgeschäfte entwickelt und die Anzahl der angeboten-
en Teesorten befriedigt die Nachfrage der Liebhaber inzwischen so sehr, dass sogar eine französische Geschmacks-
richtung nach England exportiert wird. Gegenwärtig gibt
sich eine Kaffeemaschinenmarke große Mühe, uns alle mit
den unterschiedlichen Geschmacksrichtungen von Kaffee
vertraut zu machen, eine erzieherische Kampagne, die in
der Vormachtsstellung dieser Marke gipfeln soll.

8. *Ich rieche, was ich weiß.* – Wenn Sie eine schön rote,
volle und glänzende Tomate sehen, wissen Sie, obwohl Sie
sie nicht gekostet haben, dass sie schon fast reif ist. In

Wirklichkeit kann das Gehirn nur das «sehen», was es zu sehen erwartet, nur das «riechen», was es zu riechen erwartet, nur das «hören», was es zu hören erwartet. Es vergnügt sich sogar mit dieser Übung, indem es Sie veranlasst, eine Melodie ein wenig im Voraus zu summen. Zahlreiche Parfums werden folglich zu Beginn ihrer Markteinführung auf der Straße gar nicht wahrgenommen. Sie werden erst durch die Wiederholung der Botschaft unverkennbar und dann gewöhnlich.

9. *Die Intensität.* – Wie kann man die Intensität eines Geruchs, eines Parfums bestimmen? Indem man von einem starken, kräftigen, intensiven oder einem unaufdringlichen, schwachen, leichten Parfum spricht. Die einzige bekannte physische Methode zur Messung der Intensität besteht darin, einen Geruch bzw. ein Parfum so lange zu verdünnen, bis es nicht mehr wahrgenommen wird. Die Kraft des Parfums ist dabei umgekehrt proportional zu seiner Konzentration (siehe oben: «Die Geruchsschwelle», S. 33). Da ein Rohstoff oder ein Parfum im Reinzustand die höchste Intensität aufweist, erfolgt die Geruchsüberprüfung anhand der Verdünnung. Im Hinblick auf die Herstellung eines Parfums ist es zur besseren Unterscheidung der Nuancen vorzuziehen, mit geringen Konzentrationen zu arbeiten.

Um Intensitätsschwankungen wahrnehmen zu können, muss die Konzentration eines Rohstoffs oder eines Parfumkonzentrats mindestens um den Faktor 1,3 verändert werden.

10. *Die Beständigkeit (Remanenz, Fixierung).* – Wie kann man die Beständigkeit eines Geruchs, eines Parfums messen? Die einzige bekannte Methode ist, in regelmäßi-

gen Abständen (Minuten, Stunden, Tage) an einem mit dem Geruch durchtränkten Teststreifen zu riechen, bis die «Form» des ursprünglichen Geruchs nicht mehr wahrnehmbar ist. Die Messung lässt sich mithilfe eines Panels empirisch ermittelter durchschnittlicher Nasen durchführen. Dieses empirische Maß wird anhand einer Skala von 1 bis 10 ermittelt. Dabei gibt jede Versuchsperson den Wahrnehmungsgrad an. Das Ergebnis ist der Mittelwert.

11. *Die Flüchtigkeit.* – Neben der Dampfdruckmessung durch die Head-Space-Analysetechnik besteht eine weitere physikalische Messmethode darin, einen Teststreifen, der mit einer bestimmten Menge der zu bewertenden Substanz durchtränkt ist, in regelmäßigen Abständen zu wiegen und auf diese Weise eine Verdampfungskurve zu erstellen.

12. *Das Wiedererkennen eines Parfums.* – Wenn ich auf der Straße ein Parfum wahrnehme, kommt es häufig vor, dass ich es mit anderen verwechsle. Die Duftwolke ermöglicht es mir, es von Weitem einer Verwandtschaftsgruppe zuzuschreiben, sein Duft ist jedoch zu undeutlich, um es genau bestimmen zu können. Je weiter ich mich annähere, desto mehr Anhaltspunkte kommen zusammen, die es mir schließlich erlauben, das Parfum zu erkennen. Während die Wahrnehmung eines Grundmodells anhand der charakteristischen Merkmale es einer Verwandtschaftsgruppe zuordnet, ermöglichen mir nur die konkrete Ausführung, die Einzelheiten, es von den anderen zu unterscheiden.

Der Ursprung für diese erste Art des schnellen Urteils mag in unseren entfernten Vorfahren liegen, für die es überlebensnotwendig war, einen Feind so schnell wie möglich zu erkennen. Auf diese Weise sollen sich vor Tausenden von Jahren extrem schnelle Erkennungsverfahren ausgebildet haben, die sich auf das Vorhandensein oder das Fehlen kennzeichnender Merkmale gründeten.

Für einen Parfumschöpfer besteht die Herausforderung nicht etwa in der Variation eines bestimmten Modells, um Verschiebung der Nuancen, sondern darin, neue Prototypen, neue Grundmodelle zu schaffen, die zu Vorbildern werden können.

KAPITEL III

RIECH-
UND GRUNDSTOFFE

*«Wenn Sie unbedingt Wert auf den reinen
Gesang einer Nachtigall legen, dann rate ich Ihnen
zu einer synthetischen Nachtigall.»*
Jean Giono

Die Begriffe «Riechstoff» und «Grundstoff» können Anlass zur Verwirrung geben. Deshalb ziehe ich es vor, gleich zu Beginn darzulegen, in welchem Sinne sie hier verwendet werden.

Riechstoff: jede zur Herstellung oder Gestaltung verwendete Zubereitung.

Grundstoff: ein Material, das unter dem Gesichtspunkt seiner Eigenschaften und Verwendungsmöglichkeiten zur Herstellung von Riechstoffen betrachtet wird.

I. DIE RIECHSTOFFE NATÜRLICHEN URSPRUNGS

Soweit sie nicht in Europa hergestellt sind, werden sie in erheblicher Anzahl als ätherische Öle, Essenzen, Absolues oder Concrètes aus allen Teilen der Welt importiert. Sie werden aus den verschiedenen Pflanzenteilen gewonnen: Blumen, Blütenknospen, Früchten, Blättern, Rinden, Holz, Harzen, Samenkörnern, Wurzeln, Flechten.

Diejenigen tierischen Ursprungs werden heute, mit Ausnahme von Bienenwachs-Absolue, durch chemische Nachbildungen ersetzt und haben die Bezeichnung des «natürlichen» Duftes bewahrt, wie etwa Zibet, Bibergeil und Moschus.

Darüber hinaus kommen auch «Isolate» vor, bei denen es sich nicht im eigentlichen Sinne um direkt aus Pflanzen gewonnene Produkte handelt, sondern um Moleküle, die für den Geruch eines ätherischen Öls charakteristisch sind,

z. B. Linalool, ein Bestandteil des aus Rosenholz gewonnenen ätherischen Öls, Vetiverol, ein Bestandteil des ätherischen Vetiveröls, Eugenol, ein Bestandteil des Gewürznelkenöls, usw.

«Das Destillieren ist nichts anderes,
als das Subtile vom Groben
und das Grobe vom Subtilen
zu scheiden,
das Zerbrechliche oder
Zerstörbare unzerstörbar,
das Materielle unmateriell,
das Leibliche geistig,
das Unschöne schöner zu machen.»
Hieronymus Brunschwig,
Das Buch der wahren Kunst zu destillieren (1512)

II. DIE HERSTELLUNGSTECHNIKEN

Da sich bereits zahlreiche Bücher diesem Thema widmen, stelle ich hier lediglich die heutzutage am meisten gebrauchten Techniken zusammenfassend vor.

1. *Die Destillation.* – Zahlreiche Pflanzen sind in der Lage, in ihren absondernden Zellen erhebliche Mengen ätherischer Öle zu synthetisieren und zu speichern. Im Verlauf der Destillation brechen diese Zellen unter Hitzeeinwirkung auf und geben duftende Substanzen frei, die mit dem Wasserdampf abtransportiert werden. Die Mischung durchläuft, in einem langen, schlangenförmig aufgewickelten Kupferrohr, ein mit kaltem Wasser gefülltes Gefäß und verflüssigt sich.

EINFACHES DESTILLATIONSGERÄT

Das mit ätherischem Öl angereicherte Wasser wird beim Austritt aus dem Kühlmittel in einem Auffanggefäß oder Abschneider aufgefangen. Essenz und Wasser trennen sich aufgrund ihrer unterschiedlichen Dichte automatisch voneinander. Das aus dem Auffanggefäß entnommene Erzeugnis wird als ätherisches Öl bezeichnet. Das abgeschiedene Wasser ist parfumiert und kann in diesem Zustand verwendet werden (Rosenwasser, Orangenblütenwasser, usw.).

Der Ertrag an ätherischen Ölen unterliegt je nach verarbeiteten Pflanzenstoffen erheblichen Schwankungen. Für 1 kg ätherisches Öl werden beispielsweise 5 t Magnolienblüten, 4 t Rosenblütenblätter, 1 t Bitterorangenblüten, 500 kg Muskatellersalbei oder 120 kg Lavendelblüten benötigt.

Diese Extraktion gehört aus historischer Sicht zu den ältesten Verfahren. Nachdem die Araber es im 9. Jahrhun-

43

dert nach Spanien gebracht hatten, wurde es gegen Mitte des 13. Jahrhunderts in Frankreich eingesetzt. Seitdem haben sich zahlreiche technische Entwicklungen vollzogen. In der Region Grasse konnten sie dank einer engen, häufig freundschaftlichen Zusammenarbeit zwischen der Parfumindustrie und den Kesselschmieden verwirklicht werden. Letztere haben die von ihnen entwickelten Technologien in die ganze Welt exportiert.

2. *Die Kaltpressung.* – Diese Extraktionstechnik ist aufgrund der Empfindlichkeit ihrer ätherischen Öle ausschließlich den Zitrusfrüchten vorbehalten. Die Kaltpressung findet im Wesentlichen bereits in den Anbaugebieten der Zitrusfrüchte (Brasilien, Kalifornien, Italien, Florida) statt, wobei ein Aufbrechen der ölhaltigen Zellen, die sich in den farbigen Bereichen der Schalen befinden, herbeigeführt wird.

Im 18. Jahrhundert wurde die Essenz durch manuellen Druck auf die Schalen der Zitrusfrüchte gewonnen und durch Schwämme aufgefangen. Heute wird die in der Schale enthaltene Essenz durch mechanisches Abkratzen extrahiert. Da das auf diese Weise gewonnene Erzeugnis Wasser enthält, werden Wasser und Essenz anschließend durch Dekantieren voneinander getrennt.

3. *Die Extraktion mit einem flüchtigen Lösungsmittel.* – Dieses Verfahren datiert vom Ende des 19. Jahrhunderts. Es wurde erstmals anlässlich der Wiener Weltausstellung von 1873 vorgestellt und fand dort große Beachtung.

Die Methode besteht darin, ganze – wie Blüten, Blätter, Harze – oder zerkleinerte – wie Holz, Flechten, Wurzeln – Pflanzenteile mit einem flüchtigen Lösungsmittel (Hexane, Petrolether, Ethanol, usw.) in einem Extraktionsbehälter

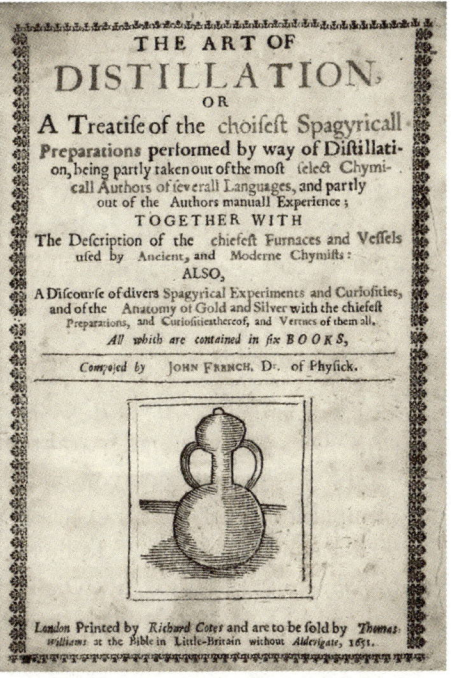

THE ART OF
DISTILLATION,
OR
A Treatise of the choisest Spagyricall
Preparations performed by way of Distillati-
on, being partly taken out of the most select Chymi-
call Authors of severall Languages, and partly
out of the Authors manuall Experience;
TOGETHER WITH
The Description of the chiefest Furnaces and Vessels
used by Ancient, and Moderne Chymists:
ALSO,
A Discourse of divers Spagyrical Experiments and Curiosities,
and of the Anatomy of Gold and Silver with the chiefest
Preparations, and Curiositiesthereof, and Vertues of them all,
All which are contained in six BOOKS,

Composed by JOHN FRENCH, Dr. of Physick.

London Printed by *Richard Cotes* and are to be sold by *Thomas*
Williams at the Bible in Little-Britain without *Aldersgate,* 1651.

mazerieren zu lassen, um anschließend zunächst das mit
Duftstoff angereicherte Lösungsmittel zu gewinnen. Dieses
Lösungsmittel wird dann in einem Verdampfer abgezogen,
und das auf diese Weise zurückgehaltene Produkt wird für
weitere Extraktionsschritte gelagert. Das mit Parfum angereicherte Resterzeugnis, das sogenannte Concrète, wird in
Rührgeräten mit Ethanol versetzt, danach gekühlt und fil-
triert, um das nicht lösliche Pflanzenwachs von dem mit
Alkohol angereicherten Duftstoff zu trennen. Nach einer
letzten Verdampfung des Alkohols erhält man ein «Absolue». Dieses Verfahren ist häufig ertragreicher als die
Wasserdampfdestillation. Da durch diese bei niedriger

Temperatur durchgeführte Methode eine durch Wasserdampf bewirkte Hydrolyse vermieden wird, können Düfte gewonnen werden, die dem ursprünglichen Pflanzenduft näher stehen.

Der absolute Ertrag variiert je nach verarbeiteter Pflanzenart. Für ein 1 kg Absolue werden so 4t Tuberosenblüten, 2t Veilchenblätter, 1t Rosenblütenblätter, 800 kg Orangenblüten, 600 kg Jasminblüten, 300 kg Mimosenblüten, 100 kg Lavendelblüten oder 50 kg Eichenmoos benötigt.

4. Die Extraktion durch überkritisches Kohlenstoffdioxid. – Dies ist eine junge Extraktionstechnik. Wenn das Kohlendioxid einem Druck von mehr als 73,8 bar und einer Temperatur über 31 °C ausgesetzt ist, geht es in den überkritischen Zustand über. In flüssigem Zustand verfügt es über eine gute Lösungskraft. Die Extraktion durch überkritisches Kohlenstoffdioxid ermöglicht eine Rohstoffverarbeitung bei niedriger Temperatur und ergibt ein Absolue, das den ursprünglichen Duft eines Rohstoffes bewahrt. Zudem entstehen bei diesem Verfahren keine Schadstoffe.

5. Die Kosten. – Während 2007 der Verkaufspreis für 1 kg ätherischen Öls der Magnolienblüte EUR 660,– beträgt, liegt er für das ätherische Öl des Lavendels bei EUR 80,–, obwohl 250-mal mehr Magnolienblüten zur Herstellung benötigt werden. Dieser Vergleich zeigt, dass, bei einer mechanisierten Lavendelernte und einem höheren Ertrag an ätherischem Öl, der Preis eines ätherischen Öls nicht von den Lohnkosten, sondern im Wesentlichen von der Nachfrage des Marktes abhängt.

III. DIE RIECHSTOFFE
SYNTHETISCHEN URSPRUNGS

Die aus der Erdöl- und Terpenchemie hervorgegangenen Syntheseerzeugnisse sind Derivate des Benzols, des Toluols, des Naphtalins, des Phenols und, die Terpenverbindungen betreffend, des Terpentins. In den meisten Fällen handelt es sich um mit der natürlichen Struktur übereinstimmende Moleküle. Häufig sind es einfache Verbindungen, die natürliche Gerüche anklingen lassen. Dies vereinfacht ihre Auswahl und ihre Verwendung. So erinnert Phenylethylalkohol, ein Hauptbestandteil der Rose, an Hyazinthe, Maiglöckchen und Pfingstrose, wobei die letztgenannten Düfte aus technischen wie aus wirtschaftlichen Gründen nicht als natürlicher Extrakt verfügbar sind.

Die Parfumeurskunst ist eng mit der Chemie verbunden. Um diese Tatsache zu verdeutlichen, habe ich nachstehend die wichtigsten heutzutage verwendeten Syntheserohstoffe in der Reihenfolge ihrer Entdeckung aufgelistet:

1855	Benzylacetat
1868	Kumarin
1874	Vanillin
1876	Phenylethylalkohol
1888	der erste synthetisierte Moschus
1889	Citronellol
1893	Ionone
1893	Methylionone
1903	Aldehyde
1908	Gamma-Undecalacton (Pfirsich-Lacton)
1908	Hydroxycitronellal
1919	Linalool

1933	Jasmon
1947	Irone
1951	Calone
1956	Lyral*
1965	Hedione*
1967	Galaxolid* (Moschus)
1970	Damascon
1975	Iso E*

Bei den mit einem Sternchen* gekennzeichneten Namen handelt es sich um eingetragene Warenzeichen.

Alle wichtigen Syntheseprodukte, die heute verwendet werden, sind gegen Ende der 1930er-Jahre bereits bekannt. Obgleich sie zum größten Teil in der Natur bestimmt wurden, kommen mehr als 30 % von ihnen nicht in der Natur vor. In der Parfumchemie ist es möglich, nicht vorhandene Moleküle zu gewinnen, die Wahl fällt jedoch auf bekannte Geruchsvarianten, die eine langsame Entwicklung des Geschmacks fördern.

IV. DIE ANALYSEVERFAHREN

Mitte des 19. Jahrhunderts bestand die analytische Chemie darin, eine unbekannte Substanz mit bekannten Produkten reagieren zu lassen, um so ihre Eigenschaft zu bestimmen. Heutzutage setzt man physikalische Methoden ein, durch die sich in einem Arbeitsgang alle Bestandteile bestimmen und quantifizieren lassen.

1. *Die Chromatografie.* – Bei der in den 1950er-Jahren entstandenen Gaschromatografie (GC) handelt es sich um

eine Technik, mit der sich komplexe Gemische trennen lassen, deren Bestandteile von unterschiedlicher Art und Flüchtigkeit sind. Sie findet hauptsächlich für gasförmige bzw. für durch Erhitzen verdampfbare Verbindungen Anwendung.

Die Verwendung dieser Technik in Verbindung mit einem Massenspektrometer hat in den 1960er-Jahren zur Beschleunigung der Bestimmung der Bestandteile der ätherischen Öle beigetragen. So waren beispielsweise 1950 nur 50 Moleküle des Rosenöls bekannt, 1970 waren es 200 und in den 1990er-Jahren 400. Einige der bestimmten Moleküle wurden nachgebildet und sind zu neuen Syntheseerzeugnissen geworden. Darüber hinaus fand die Gaschromatografie auch bei der Überprüfung von Rohstoffeinkäufen und, in den 1970er-Jahren, bei der Bestimmung und Quantifizierung der nachweislich in den auf dem Markt befindlichen Parfums enthaltenen Bestandteilen Verwendung.

Die Miniaturisierung und der relativ einfache Gebrauch machen die Gaschromatografie zu einer Analysetechnik, die in allen Parfumlaboren benutzt wird.

2. *Die Head-Space-Analyse.* – Das englische Wort head space, oder «Kopfraum» im Deutschen, bezeichnet eine Duftanalysetechnik, die, wie der Name schon sagt, das Einfangen der flüchtigsten Gerüche erlaubt. Ursprünglich wurde sie bei der Erdölsuche verwendet, um die Zusammensetzung der Gase zu bestimmen. Zu Beginn der 1970er-Jahren findet sie Eingang in die Parfumindustrie.

Das Verfahren besteht darin, einen Gasstrom auf eine Pflanze zu richten – Blume, Frucht, Laubwerk –, um die duftenden Bestandteile einzufangen. Die auf einem adsorbierenden Filter zurückgehaltenen Substanzen werden

49

mithilfe der Gaschromatografie in Verbindung mit einem Massenspektrometer analysiert und bestimmt, um eine (Wieder-)Zusammensetzung auf der Grundlage der Duftbausteine der untersuchten Pflanzen zu ermöglichen. Bei der Zusammenstellung der Parfums werden diese Duftbausteine verwendet.

Über den auf Tatsachen beruhenden Ansatz hinaus soll mit dieser Technik eine objektive Geruchsbestimmung möglich sein. Der Verstand hat sich der Schönheit bemächtigt, die Schönheit ist jedoch nicht Verstand, sie ist Emotion.

3. Die Festphasenmikroextraktion oder SPME (engl. Solid Phase Micro Extraction). – Die Festphasenmikroextraktion oder SPME ist ein Analyseverfahren, das noch mobiler und praktischer als die Head-Space-Analyse ist. Es wird mithilfe einer Spritze durchgeführt, die mit einer Siliziumfaser ausgestattet ist. Letztere ist mit einem Ad-hoc-Lösungsmittel getränkt, sodass sich die flüchtigen Bestandteile, die man untersuchen möchte, einfangen und konzentrieren.

Diese Extraktionstechnik erfordert weder Lösungsmittel noch komplizierte Apparaturen. Die flüchtigen Bestandteile werden adsorbiert, auf der Faser konzentriert und gelagert und schließlich durch direktes Einführen der Faser in die Einspritzvorrichtung des Chromatografen analysiert.

Diese Anfang der 1990er-Jahre zur Überprüfung der Luft- und Wasserqualität erfundene, leicht transportable Technik wurde sehr schnell zum Auffangen des Duftes von Blumen und anderen Geruchsquellen eingesetzt. Sie bietet den zusätzlichen Vorteil, auch im wässrigen Milieu wirksam zu sein.

4. *Die Riechstoffe der Zukunft.* – Pflanzen sind echte chemische Laboratorien und erzeugen eine Vielzahl von Duftmolekülen. Dank der Genetik sind heute Abwandlungen dieser natürlichen Laboratorien denkbar, damit sie biologisch abbaubare Moleküle herstellen, die mit denen übereinstimmen, die in der Natur vorkommen und zur Parfumherstellung dienen können. Dieser Ansatz würde, durch eine Verringerung der Synthetisierungsschritte, Energieeinsparungen auf dem Gebiet der Molekülherstellung und somit einen Schutz der Umwelt ermöglichen. Diese Forschungsrichtung steht jedoch erst an ihrem Anfang.

5. Die Kosten. – Die Kosten für die synthetischen Riechstoffe sind an die der Ausgangsrohstoffe, vor allem aber an die für spezialisierte, hoch qualifizierte und somit teure Arbeitskräfte (Ingenieure, Facharbeiter) sowie an die der verschiedenen Arbeitsschritte, die zur Gewinnung des synthetischen Stoffes erforderlich sind, gebunden. Während der Durchschnittspreis für synthetische Riechstoffe 2007 bei EUR 30,– pro Kilogramm lag, wurden die aufwendig verarbeiteten synthetischen Irone mit Irisgeruch zum Preis von EUR 3300,– pro Kilogramm gehandelt.

V. DIE GRUNDSTOFFE

Meine Sammlung ist aus meiner alltäglichen Arbeit mit dem Gegenstand Geruch entstanden, aus der Anziehung, den Enttäuschungen, meinen Anforderungen, den Grenzen, die ich in jedem von ihnen spüre, mit einem Wort: durch die Auswahl. Denn schaffen bedeutet zu wählen. Bei meiner Suche nach einer Ausdrucksform, einer Handschrift, waren die Auswahlkriterien für die Riechstoffe meiner Sammlung – vereinfacht ausgedrückt – die Geruchsqualität, der Ursprung und die technische Leistungsfähigkeit. Meine Sammlung setzt sich heute zu einem Drittel aus Erzeugnissen natürlichen und zu zwei Dritteln aus Produkten synthetischen Ursprungs zusammen. Für Basen ist darin kein Platz.

Die Geruchsqualität hängt von einigen einfachen Kriterien ab. Sie muss von einem einzigartigen und offenen Charakter sein. Im Bereich der synthetischen Produkte verwende ich beispielsweise von den Hexenol-Derivaten nur die Alkohole und Salicylate, von den Phenylethylenen nur den Alkohol, aus der Benzylgruppe das Acetat und das Salicylat

JEAN-CLAUDE ELLENA IN SEINEM BÜRO ZU HAUSE

– obwohl es für jede Gruppe Dutzende von Derivaten gibt. So sind in der Benzylgruppe außer dem Acetat und dem Salicylat auch das Propionat, Isobutyrat, Phenylacetat, Butyrat, Valerianat und der Alkohol verfügbar.

Bei den Erzeugnissen natürlichen Ursprungs führt der Mangel an Charakter eines Produktes dazu, dass es ausgeschlossen wird. So habe ich das ätherische Öl der Kas-

53

karillrinde mit seinem zwischen Muskatnuss und Gewürznelken schwebenden Duft verworfen; den Ysop, der zwischen Lavendel und Feldthymian schwankt; den Feldthymian, der dem Thymian sehr nahe steht; ebenso wie die Absolues von Karo-Karunde, einer mit der tahitianischen Gardenie eng verwandten Blüte, und Longoza, einer dem Ingwer verwandten Pflanze aus Madagaskar, die zu den unprägnanten Produkten gehören und als Firlefanz verwendet werden. Die zwar vorhandenen Balsame oder Harze, z. B. Benzoeharz und Perubalsam, benutze ich, jedoch selten, da ihr Duft nicht zu meiner olfaktorischen Handschrift passt. Demgegenüber hat mich das seit den 1970er-Jahren bekannte Absolue von Knospen der Schwarzen Johannisbeere durch seinen einzigartigen Charakter, der in der Duftpalette fehlte, sofort überzeugt. Dieses Erzeugnis ermöglichte neuartige Akkorde, neue Zusammensetzungen. Seine Verwendung in dem Parfum «Chamade» von Guerlain (1969) und dann in «First» von Van Cleef & Arpels (1976) hat stark zu einem Wandel des Parfumgeschmacks beigetragen, ebenso wie das ätherische Öl von Magnolienblättern, das erstmals in «Tocade» von Rochas (1994) zum Einsatz kam, oder das ätherische Öl von Rosa Beeren in «Pleasures» von Estée Lauder (1995).

1. *Die Herkunft.* – Die Frage nach dem Ursprung betrifft im Wesentlichen die natürlichen Grundstoffe. Obgleich sich der Duft je nach Provenienz ändert, gebe ich vor allem der mit der botanischen Abart einer Pflanze verbundenen Geruchsqualität den Vorzug. So habe ich das ägyptische Basilikum gewählt, das auch als Großes Grünes Basilikum bezeichnet wird und 40 % Linalool sowie 30 % Methylchavicol und 10 % Eugenol enthält, während das Basilikum von den Komoren sich vornehmlich, d. h. zu über 80 %,

aus Methylchavicol zusammensetzt, was ihm eine anisartige Note verleiht, die mich nicht interessiert. Ebenso habe ich das stärkere italienische Zitronenöl gewählt und das ätherische Geraniumöl aus La Réunion, das üppig und gepfeffert, aber leider viel zu selten ist.

2. *Die technische Leistungsfähigkeit.* – Der Preis, die Verbreitung, die Beständigkeit, die Stabilität der Riechstoffe sind weitere Größen, die die Zusammensetzung der Sammlung bestimmen. Es genügen mir 4 der etwa 20 auf dem Markt verfügbaren Zederndüfte, unter den Moos-Absolues ist mir nur eines nützlich. Da das Alpha-Keton, ein für seine Feinheit bekanntes Methylionon, jeglichen Charakter vermissen lässt, ziehe ich ein fünfmal preiswerteres Methylionon mit breiterem Geruchsspektrum vor – es ist an mir, ihm Eleganz zu verleihen.

Die Kriterien der Geruchsqualität, des Ursprungs und der technischen Leistungsfähigkeit haben dazu geführt, dass ich meine ursprünglich 1000 Duftbausteine umfassende Sammlung innerhalb von 20 Jahren auf weniger als 200 reduziert habe – was sehr viel ist, wenn man den Überblick behalten möchte.

Betrachte ich die Gesamtzahl der verwendeten Bestandteile für meine letzten zehn Kreationen, die in den vergangenen drei Jahren auf den Markt gebracht wurden, so waren dafür insgesamt 130 Zutaten ausreichend. Auch wenn einige der in meiner Sammlung vertretenen Rohstoffe noch nie verwendet worden sind, bedeutet dies m. E. keinen Verzicht; in Erwartung einer mutmaßlichen, aber ungewissen Verwendung sind sie verfügbar.

3. *Die Sammlung und die neuen Riechstoffe.* – Das Vorhaben, die Duftpalette zu erweitern, erfordert schwieri-

55

ge Entscheidungen. Welches Erzeugnis, unter den Dutzenden Riechstoffen synthetischen und den wenigen natürlichen Ursprungs, die jedes Jahr vorgestellt werden, soll aufgenommen werden?

Ist der Duft neu? Kann er andernfalls einen bereits vorhandenen Duft zu einem geringeren Preis, aber mit vergleichbarer oder gar besserer technischer Leistung ersetzen? Erweitert er die Duftfamilie, der er angehört? Dies sind einige der Fragen, die ich mir stelle, bevor ich einen neuen Stoff in meine Sammlung aufnehme.

Erzeugnisse wie das ätherische Öl von Magnolienblüten oder Rosa Beeren und die Absolues von arabischem Jasmin (Jasminum sambac) oder Duftblüten (Osmanthus) sind erst in den vergangenen zwanzig Jahren in der Parfumindustrie aufgekommen. Die in China traditionell verbreitete Gewohnheit, Tees, Getränke und Tabak zu parfumieren, hat die Parfumeure zu einer Erweiterung ihres Einsatzspektrums angeregt.

Wie dem auch sei, obgleich die Qualität eines Duftstoffes zur Eigentümlichkeit eines Duftes beitragen kann, ergeben ein «schöner» Jasmin, eine «schöne» Rose und ein «schönes» Synthesemolekül nicht zwangsläufig ein gutes Parfum. Die Schönheit eines Parfums entsteht nicht aus der Summe der Qualität der verwendeten Rohstoffe, sondern aus dem Zusammenspiel der Riechstoffe, der Art und Weise ihrer Verwendung und wie sie zusammengefügt werden. Dies entscheidet über den finalen Ausdruck des Parfums.

Acetessigsäureethylester
Ägyptisches Basilikum
   ä. Ö.
Alpenveilchen-Aldehyd
Alpha Damascone
Amarocite*
Ambrettolide*
Ambroxide*
Anethol
Anisaldehyd
Arabischer Jasmin
  (Jasminum sambac)
  Absolue
Artemisia ä. Ö.
Atlas-Zeder ä. Ö.

Benzaldehyd
  (Bittermandelöl)
Benzoeharz
Benzylacetat
Benzylsalicylat
Bergamotte-Öl
Beta Damascone
Beta-Ionon
Bienenwachs-Absolue
Birke ä. Ö.
Bitterorangen-Öl
Buchublätter ä. Ö.

Cashmeran*
Cassia Absolue

Cassis base 345 B*
Ceylon-Zimtbaum ä. Ö.
cis-Jasmon
cis-3-Hexenol
  (Blätteralkohol)
cis-3-Hexenyl Salicylat
cis-3-Hexenyl Tiglat
cis-6-Nonenol
Citral
Citronellol
Citronellylacetat
Corps jacinthe*
C10 Aldehyd
C11 Aldehyd
C12 L-Aldehyd
C14 Pfirsich-Aldehyd
C18 Aldehyd

Damascenone
Duftblüten (Osmanthus)
  Absolue

Eichenmoos Absolue
Elemi ä. Ö.
Engelwurzen ä. Ö.
Essigsäurehex-3-enylester
Estragon ä. Ö.
Ethyl-linalool
Ethyl-maltol
Evernyl*
Florol*

57

58

Florydral*
Frambinone*
   (Himbeerketon)
Fructon*

Galaxolide 50 %
   Isopropylmyristat*
Galbanum ä. Ö.
Gamma-Methylionon
Gamma-Octalacton
Geranie ä. Ö.
Geraniol
Gewürznelken ä. Ö.
Globanone*
Guajakholz ä. Ö.
Guajakolacetat

Haïti-Vetiver ä. Ö.
Hedione*
Hedione HC*
Helional*
Heliotropin
Hydroxycitronellal

IBCH (Iso Bornyl Cyclo
   Hexanol)
Indol
Irisnitril*
Iso E super*

Jasmal*
Jasmin Absolue
Jasmolactone

Jasmonal H*

Kardamom ä. Ö.
Karottensamen ä. Ö.
Ketone V*
Koreanischer Kalmus ä. Ö.
Koriandersamen ä. Ö.
Krause Minze ä. Ö.
Kümmelsamen ä. Ö.
Kumarin

Labdanum-Harz
Lavendel ä. Ö.
L-Citronellol
Lilial*
Linalool
Linalylacetat
L-Rosenoxid

Macrolide*
Magnolane*
Mandarinenöl
Mate Absolue
MCP (Methyl
   Cyclopentanolone)
Melonal*
Mimose Absolue
Musc T 93*
Muscenone*
Muscone*
Muskatnuss
Myrte ä. Ö.

Narzisse Absolue
Néroli Artessence*

Orangenbaum Absolue
Orangenöl

Paprika Absolue
Patschuli ä. Ö.
Petitgrain ä. Ö.
Phenylacetaldehyd
Phenylethylalkohol
Pimentbeere ä. Ö.
Polei-Minze ä. Ö.

Rhodinol
Rhubofix*
Rosa Beeren
   (Rosa Pfeffer) ä. Ö.

Sandelholz ä. Ö.
Schwarze Johannisbeere
   Absolue
Schwarzer Pfeffer ä. Ö.
Schwertlilien Concrète
Sellerieblätter ä. Ö.
Spanische Lack-Zistrose
   ä. Ö.
Stemone*
Styrallylacetat

Tagetes ä. Ö.
Thymian ä. Ö.
Tonalide*

Tonkabohnen Absolue
Tuberose Absolue
Türkische Rose ä. Ö.

Undecavertol*

Vanille Absolue
Vanillin
Veilchenblätter Absolue
Veloutone*
Verdox*
Vertocitral*
Vertofix cœur*
Vetiverol
Vetiverylacetat
Virginische Zeder ä. Ö.
Viridin*

Wacholderbeeren ä. Ö.
Weihrauch ä. Ö.

Ylang extra ä. Ö.

Zibeton Absolue
Zimtalkohol
Zitrone ä. Ö.

Bei den mit einem Sternchen*
gekennzeichneten Namen handelt
es sich um eingetragene Warenzeichen. Namen versehen mit der
Abkürzung ä. Ö. sind ätherische
Öle.

59

GRUNDSTOFFE

Einige Riechstoffzubereitungen wie die Zitrusfrüchte und die Absolues werden bei einer konstanten Temperatur von + 10 °C im Kühlschrank gelagert, um die Alterung der Sammlung zu verlangsamen. Einmal im Jahr wird diese erneuert. Unmittelbar nach dem Ersetzen eines Flakons wird das Datum mit dem Beginn seiner Verwendung notiert. Wenn ein kompakter Riechstoff wie ein Harz oder ein Absolue zur Erleichterung des Gebrauches einer leichten Erwärmung bedarf, geschieht dies durch ein Wasserbad.

VI. DIE METHODOLOGIE DER FORMULIERUNG

Eine Parfumformulierung sieht wie ein Kochrezept aus. In der linken Spalte sind alle Riechstoffe in zufälliger Anordnung aufgelistet, in der rechten die Verhältnisse der einzelnen Bestandteile angegeben.

Obwohl computergestützte Programme als Formulierungshilfe zur Verfügung stehen, arbeite ich lieber auf einem Blatt Papier, das in 30 Zeilen und 6 Spalten untergliedert ist. Auf diese Weise behalte ich ständig die Übersicht über die gesamte Formulierung, außerdem kann ich die Versuche mit technischen oder ästhetischen Kommentaren versehen. Die computergestützte Formulierung ist der Preiskontrolle und Konformitätsüberprüfung vorbehalten (europäische Gesetzgebung, IFRA (International Fragrance Association), usw., siehe S. 136).

Die Verhältnisse der einzelnen Bestandteile zueinander. – Obgleich die Priorität bei der Zusammensetzung der Riechstoffe liegt, kommt dem Verhältnis der einzelnen Bestandteile eine wichtige Rolle zu. Ich bevorzuge deshalb eine Komposition mit Bezug auf eine Gesamtmenge von 1000 g, um den Anteil eines jeden während der Schaffung einer Basisstruktur verwendeten Riechstoffes im Gedächtnis zu behalten. Um dem Projekt stärkeren Ausdruck zu verleihen, bin ich gerne großzügig mit Mengen und Produkten, Knauserei engt die Vorstellungskraft ein. Mein Mengenmaßstab beträgt: 1, 2, 3, 5, 7, 10, 15, 20, 30, 50, 70, 100, 150, 200, 300, usw. Im Falle einer Änderung des Anteils eines oder mehrerer Rohstoffe multipliziere oder dividiere ich für gewöhnlich den oder die Anteile mindestens um den Faktor zwei.

KAPITEL IV

VOM LEHRLING ZUM MEISTER

«Riechst du den Maikäfer?»,
fragte mich meine Großmutter, wenn wir die für
die Parfumerien bestimmten Rosen pflückten.
Der Maikäfergeruch zeigte den richtigen Duft an.

Betritt man zum ersten Mal das Laboratorium eines Parfumeurs, wird man vom Geruch überwältigt. Es ist unmöglich, diesen genau zu beschreiben, er ist einfach da und sehr stark. Man braucht einen Moment, bevor man wieder klar sehen kann und Hunderte von braunen Fläschchen in den unterschiedlichsten Größen bemerkt, die auf gläsernen Regalen aufgereiht sind. Um Zugang und Verwendung zu erleichtern, sind sie alphabetisch geordnet. Möchte man Parfumeur werden, so muss man diese Sammlung in seinem Gedächtnis abspeichern.

Die Ausbildung findet in einem separaten Raum, abseits der Gerüche, statt. Dabei werden Serien von jeweils zehn Düften im Abstand von mindestens einer Stunde studiert. Die Untersuchung erfolgt auf einem Teststreifen, wobei jeder Riechstoff mit einer Verdünnung von 5 % in 85-prozentigem Ethanol aufgelöst wird.

Die natürlichen Düfte sind zu Beginn leichter zugänglich, da die Bezeichnung von Duftstoff und Duft übereinstimmt. So riecht Orangenöl nach Orangen. Die Bezeichnungen der synthetischen Produkte sind weniger anschaulich: Benzylacetat riecht nach Benzylacetat, sein Geruch erinnert zunächst an englische Bonbons oder an Bananen. Erst nach einigen Monaten der Ausbildung wird einem bewusst, dass es ein Bestandteil des Jasminduftes ist.

I. DIE EINTEILUNG DER DUFTNOTEN

Eine Klassifikation der Duftnoten, die sich je nach Parfumunternehmen unterscheidet, soll die erste Orientierung und das Erinnern erleichtern. Die von mir vorgeschlagene Einteilung baut auf neun Duftfamilien auf.

1. Blumige Noten.
Sie gliedern sich in fünf Gruppen:

Rosenblumen: Diese Gruppe, zu der die ätherischen Öle der Rose und Geranie sowie die Düfte von Hyazinthe, Maiglöckchen und Pfingstrose gehören, ist durch den Geruch zweier Bestandteile dieser Blumen charakterisiert: 2-Phenylethanol und Geraniol.

Weiße Blumen: Diese Gruppe ist durch die Verbindung zweier Moleküle bestimmt: Methylanthranilat und Indol, die die Absolues von Orangenblüten, Jasmin und Tuberose, aber auch die Düfte von Wicke, Gardenie und Geißblatt kennzeichnen.

Gelbe Blumen: Diese Gruppe erklärt sich durch das Vorkommen von Beta-Ionon, einem durch den Abbau des Pflanzenfarbstoffs Carotin erzeugten Molekül, das für die Farbe von Blumen wie Freesien und Levkojen (Weißveilchen) charakteristisch und in den Absolues von Cassia (Süße Akazie) und Duftblüten (Osmanthus) als Auszug enthalten ist.

Exotische oder Gewürzblumen: Diese Gruppe ist durch die Verbindung von Benzylsalicylat und Eugenol bestimmt, die für den Duft von Nelken und Lilien charakteristisch und als Auszug im ätherischen Ylang-Ylang-Öl enthalten ist.

ARBEITSPLATZ EINES PARFUMEURS
DER ALTEN SCHULE

Anisblumen: Diese Gruppe umfasst das Absolue der Mimose und die Düfte von Flieder und Glyzinie. Sie werden mittels Anisaldehyd und Heliotropin nachgebildet.

2. Fruchtige Noten.
Sie untergliedern sich in drei Gruppen:
Zitrusfrüchte: Zitrone ä.Ö., Bergamotte ä.Ö., Orange ä.Ö.
Gartenfrüchte: C14 Pfirsich-Aldehyd, Fructon.
Rote Früchte: Schwarze Johannisbeere Absolue, Himbeerketon.

3. Holzige Noten.
Sie untergliedern sich in fünf Gruppen:

Sandelholz: Sandelholz ä. Ö.
Patschuli: Patschuli ä. Ö.
Vetiver: Vetiver ä. Ö., Vetiverylacetat.
Zeder: Holz der Virginischen Zeder ä. Ö., Atlaszeder ä. Ö.
Flechten: Eichenmoos Absolue.

4. Krautige Noten.
Sie untergliedern sich in drei Gruppen:
Grüne oder geschnittene Gräser: Hexenol, Galbanum ä. Ö.
Aromatische Noten: Lavendel ä. Ö., Rosmarin ä. Ö.,
Thymian ä. Ö.
Anisnoten: Basilikum ä. Ö., Estragon ä. Ö., Anis ä. Ö.

5. Gewürznoten.
Sie untergliedern sich in zwei Gruppen: die warmen und
die kalten Gewürznoten.
Kalte Gewürznoten: Pfeffer ä. Ö., Kardamom ä. Ö., Muskat ä. Ö., Rosa Beeren ä. Ö.
Warme Gewürznoten: Zimt ä. Ö., Gewürznelke ä. Ö.,
Piment (Nelkenpfeffer) ä. Ö.

6. Sanfte Noten.
Sie untergliedern sich in drei Gruppen:
Vanillenoten: Vanille Absolue, Vanillin, Benzoeharz.
Kumarinnoten: Tonkabohne Absolue, Kumarin.
Moschusnoten: Synthetisierter Moschus.

7. Animalische Noten.
Sie untergliedern sich in drei Gruppen:
Ambernoten: Labdanum Absolue, Zistrose ä. Ö.
Castoree: Biebergeil Absolue, Birke ä. Ö.
Zibetone: Zibeton, Skatol, Indol.

8. Marine Noten.
Algen Absolue, Calone.

9. Mineralische Noten.
Aldehyde.

Parallel zu dieser Klassifikation empfehle ich eine andere Lesart der Düfte. Zur Vereinfachung der Konzeptualisierung und des Einprägens des Gegenstandes «Duft» verwende ich Ausdrücke, die auf andere Sinne Bezug nehmen, insbesondere auf den Tastsinn. So kann ich über einen Duft sagen, er sei hart, weich, kalt, warm, samtweich, trocken, flach, schneidend, seidig, pikant, sanft, fein, schwer, leicht, rau, zerbrechlich, ölig, fett, usw.

Das besondere Geruchsvokabular setzt sich somit zugleich aus Worten für Gegenstände, die Duftquellen sind (Seife, Bonbon, Zigarre, usw.), Blumennamen (Jasmin, Flieder, Maiglöckchen, usw.), Bezeichnungen für chemische Moleküle (Linalool, Benzylacetat, Hexenol, usw.) oder ihre Funktion (Salicylat, Aldehyd, usw.) und Ausdrücken mit Bezug auf die übrigen Sinne zusammen.

Das Vokabular der Parfumeure unterscheidet sich jedoch von dem der Laien durch die Auswahl gemeinsamer Bezüge, die sich aus der in den Schulen erteilten Ausbildung und dem häufigen Austausch zwischen Parfumeuren und anderen Experten dieses Berufsstandes ergeben. Dadurch schafft diese Sprachgemeinschaft einen Konsens hinsichtlich bestimmter Wahrnehmungsmerkmale. Für den Parfumeur sind «Seife», «Aldehyd», «Jasmin», «Nagellack», «Rose», «Leder», «Holz», «Bonbon», usw. Begriffe, die einen Geruch beschreiben, nicht jedoch den Gegenstand, der die Geruchsquelle darstellt. Ein Maiglöckchen kann ebenso als «Jasmin» charakterisiert wer-

den wie ein Parfum, ein Waschpulver, usw. Das Wort «Jasmin» bezieht sich beim Parfumeur auf eine Geruchsvorstellung, die von dem durch die Jasminblumen abgegebenen Duft sehr weit entfernt sein kann. Das Duftvokabular verweist also nicht mehr auf ein Bild der Geruchsquelle, sondern auf die geistige Vorstellung von einem Geruch. Auf diese Weise erfindet der Parfumeur den Gegenstand seiner Kunst – er kreiert den Duft, und dies regt ihn zum Schaffen an.

Dieser Vorgang erinnert an das Erscheinen der Farbensprache, von den sogenannten primitiven Kulturen bis hin zur industriellen Zivilisation. Einige afrikanische Kulturen haben keine eigene Sprache zur Bezeichnung der Farben entwickelt und begnügen sich mit einer Unterscheidung von hell und dunkel. Die Beschreibung der Farbempfindungen beruht dann auf dem von anderen Sinneswahrnehmungen entlehnten Wortschatz (die Farben sind trocken, feucht, weich, hart, taub, usw.) oder einfach auf dem farbigen Gegenstand selbst (die Farben sind Blätter von …, der Himmel bei Sonnenuntergang oder vor dem Regen, usw.). In unserer Industriekultur verstärkt sich demgegenüber die Verwendung der Farbe – die zwar nicht zum einzigen, aber zum zugänglichsten Merkmal wird – bei der Unterscheidung von Gegenständen (die gelben Taxis von New York, die orange Hermès-Schachtel, usw.).

II. DIE SAMMLUNG IM GEDÄCHTNIS

Mit Rücksicht auf die hier angeführten Beispiele zur Aneignung der Farbensprache kommt man nicht umhin festzustellen, dass die Benennung eines Gegenstandes, eines

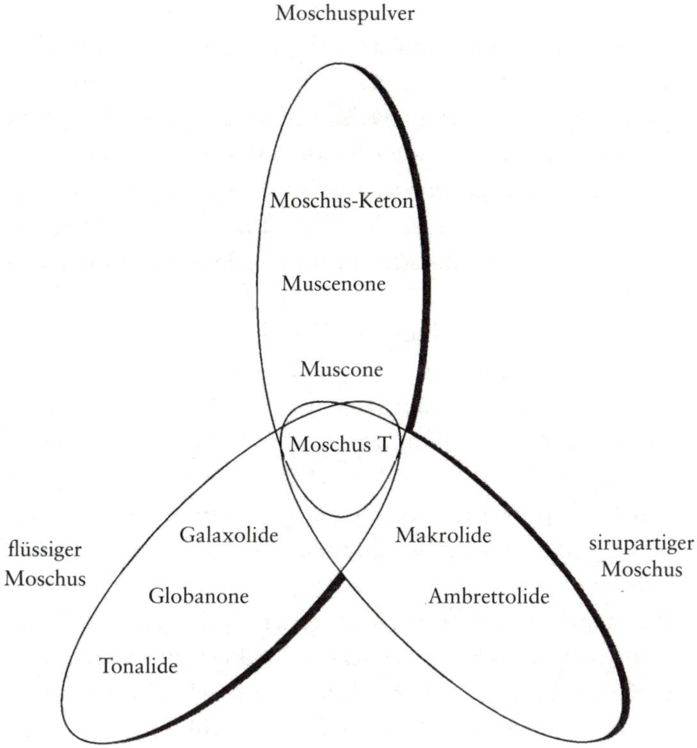

Moschuspulver

Moschus-Keton

Muscenone

Muscone

Moschus T

flüssiger
Moschus

Galaxolide

Makrolide

sirupartiger
Moschus

Globanone

Ambrettolide

Tonalide

Dinges nicht erforderlich ist, damit es im Gedächtnis exis-
tiert. Dies trifft ebenso auf die Gerüche zu. Zur Befrei-
ung des olfaktorischen Gedächtnisses von Schwächen und
Lücken ist es jedoch nützlich, eine Bestandsaufnahme seines
Zustandes zu machen. Dafür benötige ich einen großen
Tisch und einige Sätze ungenutzter Visitenkarten, auf deren
Rücken ich die Namen der in der Sammlung enthaltenen
Riechstoffe notiere. Ebenso viele Karten wie Namen.

In der ersten Übung werden die Namen der Zubereitun-

gen nach ihrer olfaktorischen Nähe zusammengestellt, wobei ausschließlich mit der Erinnerung an den Duft eines jeden Riechstoffes gearbeitet und zu keiner Zeit daran gerochen wird. Auf diese Weise ordne ich «Geruchsfelder» auf dem Tisch. Bei diesen handelt es sich nicht um Duftkategorien, die ich mit einem Wort bezeichnen kann, wie vorhin die Duftfamilien, sondern um Duftensembles, die geruchliche Verbindungen aufweisen. Die Anzahl der Geruchsfelder ist offen.

In der zweiten Übung werden die Düfte, nachdem an allen in der Sammlung vertretenen – und für diesen Zweck in kleinen Flakons aufgelösten – Riechstoffen gerochen wurde, nach ihrer olfaktorischen Nähe zusammengestellt. Da zur Ordnung neuer Geruchsfelder allein der Geruch von Bedeutung ist, wird die gesamte Sammlung blind erprobt, ohne dass der Produktname lesbar ist. Durch diese Arbeitsweise werde ich mir darüber bewusst, dass einige Duftnamen nur schwer einzuordnen sind, dass sie in meinem olfaktorischen Gedächtnis unklar umrissen sind. Diese olfaktorische Bestandsaufnahme wird in mehreren, aufeinanderfolgenden Etappen durchgeführt, die pro Tag eine Arbeitsstunde umfassen.

III. DER TYPUS DES GERUCHSFELDES

1. Die Verständigung über das Bezugssystem. – Mithilfe der katholischen Universität Löwen in Belgien, an der über die Kognitionswissenschaft gearbeitet wird, habe ich bei meiner Suche nach einem Geruchsvokabular eine spielerische Übung entwickelt, die den Zugang zu den Bezeichnungen der Gerüche erleichtert.

Vorbereitung der Übung. – Zwei Personen sitzen sich gegenüber, wobei jede die gleiche Sammlung von fünf bis sieben kleinen Flakons vor sich stehen hat, von denen jeder einen zu 5 % in Ethanol verdünnten Grundstoff enthält. Die eine Sammlung ist in alphabetischer (A, B, C, D, E, usw.) und die andere in numerischer (1, 2, 3, 4, 5, etc.) Reihenfolge angeordnet. Der Betreuer des Tests kennt als Einziger die Namen der Riechstoffe. Da die Abfolge der Flakons rein zufällig sein soll, sorgt er dafür, dass der in Flakon A enthaltene Duftstoff nicht dem in Flakon 1 entspricht. Nachdem sich jeder Teilnehmer mit seiner Sammlung vertraut gemacht hat, besteht die Aufgabe der Mitspieler darin, Entsprechungen festzustellen. Beispiel: A = 3, B = 1, usw. – und dies lediglich durch mündlichen Austausch. Am Ende der Übung werden die Namen der Riechstoffe bekannt gegeben.

Diese Übung kann zur Einprägung der Parfums, aber auch zum Erlernen des Parfumvokabulars verwendet werden.

2. *Die Modelle.* – Ich empfehle die Ausarbeitung von Duftheften mit zwei Einträgen: dem Namen des Riechstoffs und der Bezeichnung der entsprechenden Geruchsvorstellung. Beispiel: Auf Engelwurzen ä. Ö. entspricht Schwertlilienwurzel und Enzian, auf Enzian entspricht Engelwurzen ä. Ö., auf Schwertlilie repliziert Engelwurzen ä. Ö. Darüber hinaus empfehle ich das Führen von Heften über ihre Wirksamkeit (Intensität, Beständigkeit, Flüchtigkeit, Stabilität) und über die Geruchsempfindung (helle, dunkle, dichte, dünne, leichte, schwere, sanfte, raue, warme, weiche, usw. Düfte). Wie in allen künstlerischen Disziplinen wird die Ausbildung anhand der Nachahmung von Modellen aus der Parfumindustrie fortgesetzt. Bei den

71

Modellen handelt es sich in erster Linie um die Basen, die in der Geschichte der Parfumindustrie von Bedeutung waren, und um Parfums, die ihre Zeit geprägt haben. Diese nachahmende Tätigkeit erlaubt es, die Bedeutung des Zusammenspiels zwischen den Riechstoffen, die Funktion der Gesamtkonstruktion des Parfums, die Auswahl der Grundstoffe und nicht zuletzt den Stellenwert der sinngebenden Einzelheiten zu erlernen. Die Gegenstände sind, so wie es der Philosoph François Dagognet erläutert, «Bewahrer» dessen, was wir über die Menschen lernen können. Wie alle enthalten auch die Parfums Informationsschätze: den Geschmack und die ästhetischen Normen der Zeit, in der sie geschaffen wurden; die Beziehung zu unserem Körper, die sich durch ihre Verwendung ausdrückt; die Sicherheitsnormen und die technischen Kenntnisse, die zu ihrer Entwicklung ins Werk gesetzt wurden.

3. Die Schulen. – Die Parfumeurschulen sind in den 1960er-Jahren aufgrund der steigenden Nachfrage der Verbraucher nach Parfumprodukten entstanden. Sie wurden zunächst von der Industrie gegründet, wobei die Unternehmen Roure in Frankreich und Givaudan in der Schweiz die bekanntesten sind. 1970 wird in Versailles das ISIPCA (Internationales Hochschulinstitut für Parfum, Kosmetik und Lebensmittelaromen/Institut Supérieur International du Parfum, de la Cosmétique et de l'Aromatique Alimentaire) eröffnet. Seitdem bieten auch andere Schulen eine Ausbildung für Parfumeurtechniken an, zumeist in der direkten Zusammenarbeit mit Parfumunternehmen. Von den Hunderten Kandidaten, die sich jedes Jahr vorstellen, werden in jeder Schule etwa zwanzig aufgenommen. Weniger als ein Dutzend dieser Schüler werden Parfumeure. Die Übrigen finden eine

Position als Kosmetiker, Gutachter, Marketingassistent, Qualitätskontrolleur, Verantwortlicher für die Produktion, usw.

KAPITEL V

DAS HANDWERK

«Man soll sich nicht seinem Gefühl,
sondern seiner Erinnerung gemäß ausdrücken.»
Joseph Joubert

I. VOM KÖNNEN ZUM WISSEN

Als Laborant war ich mit verschiedenen, häufig komplexen Arten und Weisen der Parfumformulierung in Berührung gekommen (heutige Auszubildende durchlaufen diese Etappe nicht mehr). Als Lehrling habe ich mir das notwendige Wissen angeeignet, um – unter anderem mithilfe der Chromatografie – der Nachfrage der internationalen Märkte entsprechen zu können. Ich lebte von Markt- und Geruchsanalysen: ätherische Öle, Basen, Parfums. Beim Formulieren fügte ich einen Riechstoff an den anderen und glaubte in meiner Naivität, dass ein Molekül alles ändern könne und ich endlich meine Kreativität unter Beweis stellen würde. Da mir der Aufbau eines Parfums ein Rätsel blieb, zögerte ich auf meiner Suche nach einem Stil, mich für eine komplexe Formulierung zu entscheiden. Als ich schließlich ein kleines, mit einem Blumenstrauß auf schwarzem Grund bebildertes Büchlein las, war es wie ein Schock für mich. Das Unternehmen Dragoco hatte die gesamte Ausgabe seiner Zeitschrift «Dragoco report» dem Parfumeur Edmond Roudnitska gewidmet. Das Thema lautete: «Der junge Parfumschöpfer und die Düfte». Seine Thesen waren neu, obgleich sie aus dem Jahre 1962 datierten. Er sprach von der Schönheit, vom Geschmack, von der Einfachheit, vom Vorgehen beim Riechen und Beurteilen, aber auch von Gelehrsamkeit und Lebensphilosophie. Er trat damit so sehr in mein Leben, dass ich lange den heimlichen Wunsch hegte, wie der Gegenstand dieser Publikation als «Parfumschöpfer» bezeichnet zu werden. Wobei anzu-

merken ist, dass er selbst diese Auszeichnung niemals auf seiner Visitenkarte geführt hat, sondern lediglich die Berufsbezeichnung «Parfumeur». Ich ahmte die von Edmond Roudnitska geschaffenen Parfums nach. Aus der chromatografischen Analyse waren die meisten Bestandteile zu entnehmen, es waren jedoch zahlreiche Deutungen in Betracht zu ziehen. Die Lektüre seiner Schriften und der Duft seiner Kreationen zogen mich an und wurden zum Gegenstand meiner Forschungen. Um sie besser fühlen und mir aneignen zu können, musste ich sie entblößen. Ich stand vor Skizzen, Zeugnis einer gewissenhaften Arbeit; ein Duft für eine Wirkung. Die von Zurichtungen und Überfrachtungen befreite Struktur drückte sich offen aus, und das Parfum atmete. Dieser Ansatz veranlasste mich dazu, meine Formulierungsweise zu überdenken. Das Formulieren bestand nicht mehr darin, Düfte aneinander-zureihen, sondern ihnen eine Form zu geben – d. h. durch das Aufdecken von Beziehungen zwischen den Düften et-was aufzubauen und zusammenzusetzen. Zum besseren Verständnis dieses Ansatzes zitiere ich gerne den deutschen Philosophen Leibniz: «Um dieses Geräusch [des Meeres] zu hören, muß man sicherlich die Teile, aus denen sich das Ganze zusammensetzt, d. h. das Geräusch einer jeden Welle hören, obgleich jedes dieser geringen Geräusche nur in der verworrenen Gemeinschaft mit allen übrigen zusammen (…) faßbar ist».[1]

Edmond Roudnitskas kreativer Ansatz ließe sich mit Paul Cézannes Satz zusammenfassen: «die Natur lesen und Empfindungen haben». Auch war ich, als gegen Ende der 1970er-Jahre die Head-Space-Analysetechnik aufkam, so-fort von dieser Neuerung überzeugt. Mithilfe dieses Ver-fahrens war es möglich, den Duft von Blumen und seltenen Pflanzen vor Ort aufzunehmen, um ihn dann zu analysieren und nachzubilden. Ich hatte das Gefühl, über eine «Instamatic»[2] des Geruchs zu verfügen, die es mir erlauben würde, weiter zu gehen als mein Meister.

Diese Technik verdeutlichte die Komplexität der Pflanzendüfte – die Natur ist das Unvorhersehbare! 400 Moleküle für einen Jasmin, 500 für eine Rose. Sie zeigte auch, dass die Zusammensetzung eines Blumenduftes den Tageszeiten gemäß variiert, ohne dass sich dadurch die Gattungsmerkmale der betreffenden Blume ändern.

Diese Feststellung führte mich zu dem Schluss, dass Form und Charakter eines Geruchs mehr mit den Stoffen verbunden sind, die ihn bilden, als mit den verwendeten Mengenanteilen. Von diesem Punkt aus ließ sich schnell eine Verbindung zwischen dem Duft einer Blume und der Form eines Parfums herstellen und ich änderte meine Formulierungsweise.

Seitdem ist die Auswahl der Riechstoffe entscheidend, wobei ihre Mengenanteile in erheblichem Maße abgewandelt werden können. Ich achte darauf, Redundanzen zu vermeiden.

Die Anzahl der Riechstoffe in meiner Sammlung nimmt ab.

Als ich 1976, im Alter von 28 Jahren, «First» für Van Cleef & Arpels kreierte, lebte meine nach innen, dem Denken und der Überlegung zugewandte Nase mit den vorhandenen Modellen, und trotz einer reduzierten Sammlung war die Ausarbeitung dieses Parfums eine komplexe Aufgabe. Wenn auch einige äußere Überschreitungen oder die Intuition es mir erlaubt haben mögen, 1976 in «Eau de Campagne» für Sisley sowie in einigen anderen Parfums für Artisan Parfumeur das Thema des Tomatenblattes anzubieten, so habe ich mich erst seit Beginn der 1990er-Jahre absichtlich auf den Weg ins Unbekannte begeben.

Modelle gehören in ihre Zeit und überleben sich, wie die Mode. Um dieser Beschränkung zu entgehen, musste ich Lehrling bleiben, einer, der sucht, manchmal findet und neugierig auf Menschen und Dinge bleibt.

Seitdem lege ich jedes Jahr ein Moleskine-Notizbuch an, in dem ich Anregungen, Ideen, einfache Akkorde, Gedanken, Zitate und Formulierungsraster notiere. Ich fülle es mit Aufzeichnungen über meine Begegnungen, meine häufig bewegungslosen Reisen, meine Zeit, aber nicht mit Marktanalysen und Trends.

II. VON DEN ANREGUNGEN

Ich bin ein Dieb, Räuber und Plünderer des Duftes. Die Natur ist für mich Anregung, Ausgangspunkt und nicht Inspirationsquelle oder Schöpferatem. Die Sonnenauf- und untergänge sind überall schön; es ist nur eine Frage des Blickwinkels, des Standpunktes. Bei einem Parfum erzeuge ich nicht dadurch Erstaunen, dass ich den Geruch von Tee, Mehl oder Feigen unverändert nachbilde. Schaffen bedeutet, diese Gerüche zu Zeichen umzudeuten, die eine Bedeutung tragen; der Duft des grünen Tees steht stellvertretend für Japan, das Mehl für die Haut, die Mango für Ägypten. Mehr als ein Können ist es ein persönlicher Stil und Geschmack, und obwohl sich diese Handschrift nachahmen lässt, ist sie nicht übertragbar und wird in diesem Sinne zur Kunst.

Für das 1992 für Bvlgari geschaffene «Eau Parfumée au Thé Vert» habe ich das Aushängeschild des Tees schon lange vor meinem Besuch in den Läden von Mariages frères, rue du Bourg-Tibourg in Paris, verwendet. Mein späterer Besuch diente dazu, alle Tees zu riechen, meine Sichtweise zu bestätigen, einen Diskurs über eine erlebte Wirklichkeit zu begründen und dieser Kreation Wahrhaftigkeit zu verleihen. Die nach Mehl duftenden Blüten der nur auf der Insel La Réunion heimischen Ruizia cordata erlaubten es mir 2003 mit «Bois Farine» für L'Artisan Parfumeur ein Parfum zu diesem Thema zu schaffen. Ich habe einen Mehl-Akkord wieder aufgenommen, den ich beim Geruch einer Mehlpackung der Marke «Francine» wahrgenommen hatte. Die Idee mit den Hölzern entstand durch meine Liebe zu dieser Insel, deren Bewohner die Orte nach Holzarten benennen: grünes Holz, stinkendes Holz, gelbes Holz, usw. Ich hatte nur noch die Form des Parfums zu finden.

Die Wahl des Themas für das 2005 für Hermès geschaffene «Un Jardin sur le Nil» ergab sich bei einem Spaziergang auf den Garteninseln des Nils bei Assuan, in einer Allee von Mangobäumen. Es ist der Monat Mai. Die Zweige der Mangobäume ächzen unter dem Gewicht ihrer grünen Früchte, die zum Greifen nahe sind, also pflücke ich eine. Eine durchscheinende Milch entströmt dem Blütenboden, den ich an meine Nase führe. Der Duft ist bezaubernd, ein überwältigendes Geruchsbild aus Harzen, Orangenschalen, Grapefruit, Karotte, süßer Myrrhe und Wacholder, süß und sauer, wild und mild. Ich kann nicht widerstehen, lasse meinen Sinnen schmeicheln und eigne mir den Duft an. Ich versuche, mein Vergnügen und meine Gefühle mit den Menschen zu teilen, die mich begleiten. Die Themenwahl ist getroffen.

Die Düfte von Jasmin, Orangenblüten und Gewürzen hatte ich lange vor diesem Spaziergang als Gerüche verworfen, die Ägypten in den mythischen Wohlgerüchen eines nur in der Vorstellung des Westens vorhandenen Orients gefangen halten.

Ich war jedoch auf der Suche nach einem ausgefallenen

Zugang, um die Geschichte dieses Gartens erzählen zu können. Der Duft der grünen Mango wurde somit zum Zeichen und symbolisierte die Garteninseln des Nils. Später erfuhr ich, dass diese Frucht in Ägypten Anlass für ein alljährlich stattfindendes Fest ist.

Was ich an dieser Stelle zu erklären versuche, ist, dass ich – obgleich der Wahl des Aushängeschildes große Bedeutung zukommt – nicht ohne einen Katalog von Geruchsillusionen arbeiten kann, die ich nach meinem Bedarf abzuwandeln und zusammenzustellen weiß.

III. DIE GERUCHSILLUSIONEN

Ich habe kein Interesse daran, die Natur in ihrer Komplexität zu kopieren. Vielmehr erfreue ich mich daran, mir die Natur anzueignen, um sie nach meinen Vorstellungen zu verwandeln, ihr durch die Zusammenstellung eines Minimums an Riechstoffen in wenigen Zügen eine Bedeutung zu verleihen. Dies ist das Alpha und das Omega, um die Beziehungen zwischen Düften, die die Grundlage aller Geruchsillusionen bilden, zu verstehen. Die Illusion ist dabei realer als die Wirklichkeit, der Schein glaubwürdiger als die Wahrheit. Auch wenn, in Ermangelung von Riechstoffen, nur wenige dabei mitspielen können, muss ich die Wirklichkeit dieser Übungen beschreiben. Das, was ich Ihnen hier enthülle, ist eine Semantik der Gerüche. Doch anders als die Worte oder die Musiknoten, die, eines hinter dem anderen, einer Raupe gleich, aneinanderhängen, um einen sinnvollen Satz oder eine Melodie zu bilden, mischen sich die Riechstoffe nicht wie Farben, aus denen eine neue Farbe entsteht, sondern setzen sich zusammen und drücken sich weiter für sich selbst aus, indem sie einen neuen Duft, einen neuen Sinn bilden. 1 + 1 ist im olfaktorischen Sinne 3, jede 1 und die Summe bleiben wahrnehmbar. Diese Geruchsillusionen präsentieren sich wie ein Spiel, bei dem man seiner Nase mindestens zwei mit verdünnten Grundstoffen getränkte Teststreifen anbietet (siehe unten den Apfelgeruch), die man wie einen kaum geöffneten Fächer hin- und herbewegt. Um die Intensität eines Riechstoffs auszugleichen, wird der Teststreifen mitunter aus größerer Entfernung angeboten. Bei diesen Illusionen handelt es sich nicht um Modelle, sondern um olfaktorische Illustrationen eines in Bewegung befindlichen Denkens, das danach verlangt, etwas zu erfinden und sich zu erneuern.

	Apfel	Pfirsich	Birne	Erd-beere	Wald-erdbeere	Him-beere
Fructon	±	±	±	±	±	±
C14 Aldehyd		±				
Schwarze Johannisbeerknospen Absolue		±				
Benzylacetat	±					
Geraniol			±			±
Hexylacetat			+			
Ethyl-maltol				+	+	+
Methylanth.					±	
Beta-Ionon						+

Diagramm der Geruchsillusionen: Man tauche jeden Teststreifen leicht in das angegebene Produkt ein und bewege ihn unter der Nase hin und her.

Eine Illusion ist kein Schwindel, sondern eine Art und Weise, auf unsere Wünsche und Vorlieben einzugehen.

81

Was habe ich nicht für Gründe angeführt oder erfunden, um den Moment hinauszuzögern, in dem ich auf einem weißen Blatt Papier die ersten Worte aneinanderreihe, die Namen der Riechstoffe, die der aus einer Anregung entstandenen Idee Ausdruck verleihen sollen. Mal sollten die kleinen Flakons aufgeräumt werden, die bei einer laufenden Arbeit chaotisch abgelegt meinen Arbeitstisch beherrschen; oder der Blick fiel auf ein Schriftstück, das beantwortet werden wollte; ein Geräusch, das störte; das Erwarten eines Telefonrufes.

Diese instinktive Weigerung, mit der Komposition zu beginnen, kann Stunden, ja Tage dauern. In Wirklichkeit wünsche ich mir, dass bereits der erste Entwurf perfekt sei, dass er alles enthalte, was ich ausdrücken möchte, und schon die Struktur der endgültigen Form aufweist, sodass ich das Thema, die Idee über Tage oder Wochen ausfeilen kann. Dabei lehrt die Erfahrung, dass es besser ist, einen zweifellos schlecht ausgearbeiteten Entwurf zu Papier zu bringen, der dann immerhin den Vorzug hat, vorhanden zu sein.

Die Zusammenstellung eines Parfums unterscheidet sich allerdings von anderen Ausdrucksformen, wie der Schrift oder der Musik, bei der die Worte oder Noten in einer ununterbrochenen Folge angeordnet werden. Bei der Komposition eines Parfums gibt es diese aufeinanderfolgende Anordnung der Worte oder der Musiknoten nicht, weil die Bestandteile, die in eine Parfumformulierung eingehen – ob flüchtig oder beständig –, bereits beim Öffnen des Flakons oder auf der Haut wahrnehmbar sind. Der olfaktorische Eindruck ist somit umfassend, wobei die Riech-

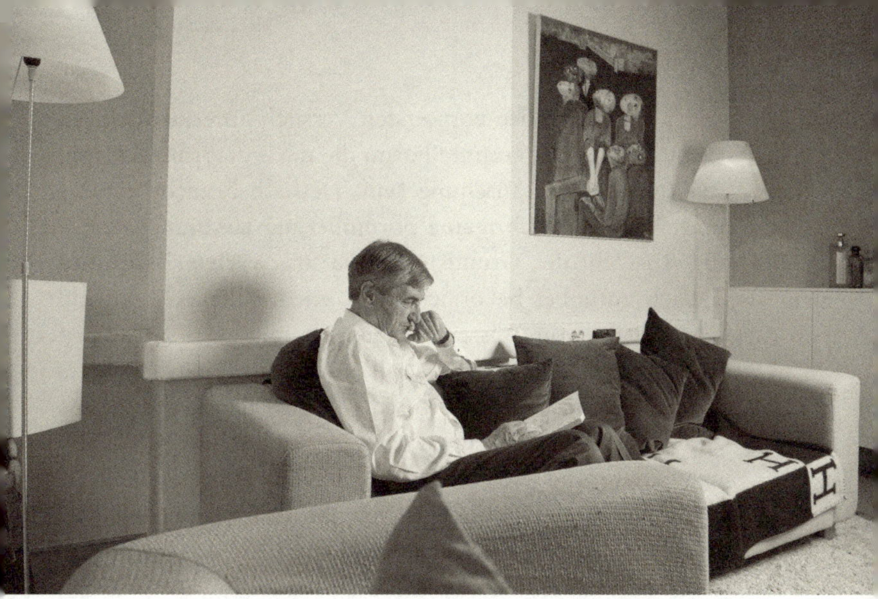

ELLENA IN SEINEM WOHNZIMMER

stoffe des Parfums mit der Zeit verblassen. Daraus erklärt sich der allzu häufig gelehrte Irrtum, nach dem ein Parfum aus Kopf-, Herz- und Basisnote aufgebaut wird, was eher das Ergebnis eines analytischen, d.h. zerlegenden Ansatzes ist. Während die gewünschte Dauer eines Eau de Toilette unter sechs Stunden beträgt, hat das ätherische Öl der Bergamotte, das als Kopfnote angesehen wird, auf einem Teststreifen sechs Stunden Bestand, der Phenylethylalkohol – auch eine sogenannte Kopfnote – 20 Stunden und die Moschusdüfte mehrere Tage. Aus diesem Grund rate ich von dieser Art des Aufbaus ab, auch wenn an der Verdunstung auf dem Teststreifen und auf der Haut eine relative Abfolge der Bestandteile zu erkennen ist.

Häufig bin ich überrascht von dem, was ich mache.

Auch wenn die Idee vom ersten Versuch an erkennbar ist, kann die von mir erahnte Form, die mich ursprünglich motivierte, eine Enttäuschung sein. Deshalb braucht die Art und Weise, wie ich meine Formulierung zusammensetze – die Auswahl der Grundstoffe, die unerwartete Form, auf die ich zutreibe, bevor ich mich wieder fange –, sowohl den Einsatz von Wissen, verbunden mit einer Form von Intelligenz und Sensibilität, als auch Intuition, bei der es sich um ein mir nicht bewusstes Wissen handelt, und eine ganz bestimmte Einstellung. Diese Einstellung ist bei mir ein neugieriger und kreativer Geist, der mit Beharrlichkeit arbeitet und erst spät sich zufriedengibt, der sich einem gewissen Konformismus verweigert und vor allem das Vergnügen sucht.

V. DER NEUGIERIGE GEIST

Obgleich bestimmte Riechstoffe erfahrungsgemäß ihrer Natur nach einzigartig und mitunter schwierig in der Verwendung sind, gibt es keine guten oder schlechten Gerüche, sondern nur Grundstoffe, mit denen ich arbeite. Ein Grundstoff ohne sichtbare Schönheit oder Qualität, außer der, die ich empfinde, kann zur Schönheit eines Parfums beitragen. Und die Riechstoffsammlung ist, obwohl reduziert, ausreichend, um einen neugierigen Geist zu unterhalten und zu entwickeln, der ständig auf der Suche nach möglichen Verwendungen, nach dem Neuen im Alten und dem Unvorhergesehenen im Gewohnten ist.

VI. DER KREATIVE GEIST

Wenn ich eine Parfumformulierung schreibe, dann habe ich nicht nur eine umfassende Vorstellung davon, was ich erreichen möchte, sondern auch die Grundstoffe und ihren möglichen Beitrag zur Komposition vor Augen. Dem Gedankengang Pascals entlehnt, bedeutet dies: «die Teile der Welt stehen alle in solcher Beziehung und solcher Verkettung miteinander, daß ich es für unmöglich halte, den einen ohne den anderen und ohne das Ganze zu erkennen».[3] Diese Anschauung veranlasst mich dazu, auf der Grundlage eines «pendelnden» Denkens vorzugehen.

Im Übrigen hat mich meine Neigung zur Virtuosität, bei der es sich um eine Form der Verführung handelt, zu einem Streben nach sparsamer Verwendung der Mittel geführt. Hiermit geht es jedoch nur um Können und Geschicklichkeit, eine zur Befreiung des Geistes notwendige Fähigkeit, damit man kreativ sein kann.

Der Schaffensprozess ist teilweise mit Assoziationsketten verbunden. Wenn ich Geranienblätter zwischen meinen Fingern zerdrücke, dann rieche ich zwar die Geranie, aber auch schwarzen Trüffel – Trüffel, der mir den Geschmack von Olivenöl vergegenwärtigt; dieser wiederum erinnert mich an den Geruch von Biebergeil, das geräucherten Birkenduft beinhaltet, usw. Bei der Verbindung von Geranie und Birke handelt es sich um einen interessanten Akkord. Häufig sind es die entlegensten Assoziationen, die sich als die spannendsten erweisen.

Nachstehend folgt eine Geruchskarte, die einer heuristischen Karte gleichkommt, die verschiedene olfaktorische Ideen und mögliche Verbindungen darstellt.

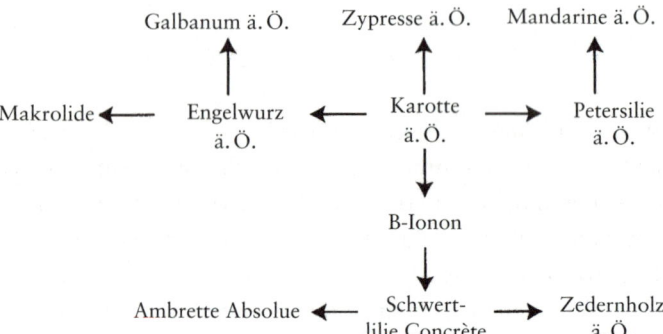

Galbanum ä. Ö.   Zypresse ä. Ö.   Mandarine ä. Ö.

Makrolide ← Engelwurz ← Karotte → Petersilie
              ä. Ö.   ä. Ö.   ä. Ö.

B-Ionon

Ambrette Absolue ← Schwert- → Zedernholz
                    lilie Concrète   ä. Ö.

Die Kreativität ist, auch wenn diese Beobachtung unerwartet sein mag, mit dem Vergessen verbunden. Wir alle haben ein Buch, das wir mit Vergnügen immer wieder lesen – das zwar immer dasselbe und doch jedes Mal ein bisschen anders ist; ein Bild, das wir sehr gut kennen und auf dem wir doch eine Einzelheit entdecken, die unsere Sicht darauf erneuert; ein Foto, das die Erinnerung, die wir an uns selbst haben, erkennen lässt. Es ist unter anderem diese Fähigkeit zu vergessen, die uns vom Computer unterscheidet und es uns ermöglicht, uns weiterzuentwickeln und Dinge anders wahrzunehmen – und die es mir erlaubt hat, den charakteristischen Geruch des synthetischen Beta-Ionons abzuwandeln, dessen Name und Geruch seit einem Jahrhundert – und bis zu seiner Verwendung in «Eau Parfumée au Thé Vert» für Bvlgari – Veilchenduft bedeutete. Das mit Hedione, einem weiteren synthetischen Stoff, verbundene Ionon erinnert an den Geruch des Tees. Die Bestandteile eines Parfums sind insofern mit den Worten einer Sprache vergleichbar, als sie sich mit der Zeit und ihrem Zeitalter entwickeln und sich ihre Bedeutung ändern kann.

VII. BEHARRLICHKEIT, GEWISSHEIT UND ZWEIFEL

Zur Beherrschung einer Formulierung ist Beharrlichkeit erforderlich, wenn in einem Eau de Toilette, das zwischen 20 und 30 Bestandteile enthält, der kleinste Mengenanteil nur einige ppm (parts per Million) und der größte einige Hundert Gramm betragen kann, wobei jede Zutat mit ihrer eigenen Intensität, Flüchtigkeit und Beständigkeit interagiert; unter zahlreichen Versuchen sind viele Misserfolge zu verzeichnen.

Beharrlichkeit ist unverzichtbar, wenn unter normalen Arbeitsbedingungen der Zeitabstand zwischen zwei olfaktorischen Beurteilungsschritten um 15 Minuten und im Falle eines Zusatzes zur laufenden Arbeit um mehr als eine Stunde schwankt; wenn die Formulierung insgesamt abgewogen, in der gewünschten Konzentration mit Alkohol verdünnt, auf Teststreifen überprüft ist und anschließend über mehrere Stunden in regelmäßigen Abständen nachverfolgt wird. Zwischen Arbeitsbeginn und vollendeter Komposition liegen schließlich zwischen mehreren Monaten und einem Jahr täglicher Arbeit.

Um diesen ersten Impuls zu überwinden, diese instinktive Weigerung, etwas zu komponieren, die eine Art Flucht darstellt, ist kurzfristig das Vorgehen auf der Grundlage der eigenen Überzeugung von Nutzen. Dies ermöglicht es zu handeln, denn die Parfumschöpfung ist vor allem eine Arbeit, die Engagement verlangt, die täglich weiterzuführen ist und sich mit Geduld entwickelt. Überzeugung ist auch vonnöten, um der Intuition freien Lauf zu lassen und die Kühnheit bei der Auswahl der Ideen sowie der Zusammenstellung der Bestandteile und der Festlegung ihrer Anteile zu fördern.

87

Zugleich ist der Zweifel für ein ständiges Infragestellen unverzichtbar, er erlaubt die nötige Distanz zur olfaktorischen Beurteilung der laufenden Versuche. Denn schnell wird man Opfer einer unmittelbaren Befriedigung, eines intensiven Vergnügens, und bei einer erneuten Geruchsprüfung am Folgetag fällt das Ergebnis in sich zusammen. Der Zweifel fördert gleichermaßen die synthetische und die analytische Wahrnehmung.

VIII. ABSAGE AN EINEN GEWISSEN KONFORMISMUS

Meines Erachtens entkommt man Kompromissen durch einen distanzierten Blick auf die Märkte, trotz meiner Sympathie für allgemein bekannte und international angesagte Parfums. Auf diesen ganzen Geruchsspektakel antworte ich mit meiner persönlichen Entdeckungsreise nach unerwarteten Düften, wobei ich meinem kritischen Geist die Neugier zur Seite stelle. Das Thema eines Parfums kann dadurch nicht nur mit anderen Augen betrachtet und die Grundstoffe neu zusammengesetzt werden, sondern aus dem Interesse an einem möglichen Zeichen wie dem Geruch eines Textilstoffes, von Teer, von Holz usw. Oder aus der Gemütsregung, die ich beim Riechen einer Gardenie im Regen empfand, manchmal aus der Neuschrift eines Parfums, das mir am Herzen liegt.

IX. DAS VERGNÜGEN

Das Vergnügen ist von Natur aus egoistisch, Teilen ist Luxus. Der Gegenstand der Parfumherstellung ist – wie in allen künstlerischen Gewerben –, Produkte zu schaffen, die letztlich den Sinnengenuss zum Ziel haben. Als Mensch und als Parfumeur muss ich Freude an etwas haben, um meinerseits welche geben zu können. Freude daran zu überraschen, etwas zu bewirken, zu suggerieren, nach und nach erraten zu lassen. Ein Parfum ist eine in Düften erzählte Geschichte, manchmal eine Poesie der Erinnerung.

Im Fall des 2003 für Hermès geschaffenen «Un Jardin en Méditerranée» fiel die Wahl des Aushängeschilds in Tunesien, am Ufer des Mittelmeeres, im Garten von Leïla Menchari. Die Geschichte hatte sich einfach dargestellt, in Form eines Feigenblattes, das eine lächelnde junge Frau zerdrückt hatte, um daran zu riechen. Die Entscheidung fiel, indem ich diesen Moment einfing, und der Geruch des Feigenblattes wurde zum Zeichen, das das Mittelmeer symbolisierte.

Als ich einige Tage später in mein Labor zurückkehrte, habe ich mithilfe meiner Notizen, meiner Erinnerungsstützen, in Konturen dieses Parfum zusammengestellt, das aus einer erlebten und geteilten Emotion entstand.

Ich hätte selbstverständlich die hoch entwickelte Technik der Head-Space-Analyse hinzuziehen können, um den Geruch des Gartens aufzunehmen. Diese Vorgehensweise ähnelt jedoch einer Sofortbildaufnahme, einer seelenlosen Fotografie, die auf der affektiven Ebene nichts über einen Ort enthüllt. Dieses Werkzeug zur Nachahmung der Natur ist bloß eine Täuschung, ein Kunstgriff, der nur ein blasses Abbild der erlebten Wahrnehmung und Gefühlsregung bietet. Diese analytische Methode, skulpturale

Parfums nach echten Düften schaffen zu wollen, erinnert mich an die Parfumrezepturen des 19. Jahrhunderts, die gut nach Rose, Klee und Veilchen duften und bei denen es sich um hübsche Mischungen, nicht aber um vom Geiste geschaffene Kompositionen handelt.

Die Head-Space-Analyse, deren brennender Verfechter ich einst war, hat im Hinblick auf die Suche nach neuen Riechstoffen ihre Grenzen erreicht: Sie hat den Parfumeuren nach zwanzig Jahren analytischer Forschung weniger als ein Dutzend Moleküle zur Verfügung gestellt. Heute dient sie vor allem als Verkaufsargument. Die Riechstoffe der Zukunft werden hauptsächlich aus der reinen Forschung und aus der menschlichen Phantasie stammen, aber nicht in der Natur eingefangen werden.

Zwei Bestandteile, Stemon und Gamma-Octalacton, sind ausreichend, um den Geruch eines Feigenblattes heraufzubeschwören. Die Form eines Parfums lässt sich jedoch nicht auf die Zusammenstellung dieser beiden Riechstoffe, die einen Akkord bilden, reduzieren. Bei einem Parfum sind Aufbau und Komposition eng miteinander verbunden. Der Aufbau lässt sich mit dem Gleichgewicht der im Basisakkord befindlichen Mengen und Intensitäten zusammenfassen. Die Komposition drückt sich demgegenüber im Spiel der Entsprechungen, der Kontraste, der Varianten und der Überlagerungen aus. Auf diese Weise erinnert das nach zerdrückten Minzblättern riechende Stemon in Verbindung mit dem fruchtigen Pflaumenduft des Gamma-Octalactons bereits an den Duft des Feigenblattes, wobei durch den Zusatz von Iso E eine holzige, lebendig-würzige Struktur erzeugt wird und mit Hedione noch eine blumige, leichte Frische hinzukommt. Während es sich bei Stemon und Gamma-Octalacton um sehr intensive Riechstoffe handelt, gewinnen Iso E und Hedione durch ihre Menge an Einfluss.

DAS FEIGENBLATT ALS INSPIRATIONSQUELLE

Aus dem Ausgleich dieser Kombination von Intensität und Menge lässt sich der Duft des Feigenbaums aufbauen.

Ich schaffe die olfaktorische Form durch die Komposition, die dem Zusammenspiel Ausdruck verleiht, das sich aus den Verknüpfungen aller Riechstoffe ergibt sowie durch die Suche nach einer Melodie und einem Rhythmus. Sobald die Form einen Sinn bekommt, empfinde ich in der allein durch meine Intuition geleiteten Freude an der Kom-

position ein spontanes Hochgefühl. Manchmal entzieht sich die Form und entschlüpft mir. Mit ein paar Tagen Abstand und der Arbeit an anderen Projekten gelingt es mir aber, meinen Weg wiederzufinden.

Nach viel Arbeit und zahlreichen Akkordkombinationen sowie durch das Spiel der Verknüpfungen von Ideen, die ich sammle und auswähle, wird aus der Form ein Parfum. Dieses wird dann zu einer Poesie des Erinnerns an einen am Mittelmeer gelegenen Garten. Da ich es überraschend, klar und leuchtend haben möchte, begünstige ich die Noten von Schwarzer Johannisbeere und Bergamotte – dies zu Lasten des Dörrobst- und Feigencharakters, der einen Aspekt der Schwere, eine auf die Ernährung bezogene Gourmand-Note verleiht. Ich bevorzuge den Pflanzenakkord von feuchten, zerdrückten Blättern und unterstreiche ihn durch eine Orangennote mit einer bitteren und sauren Frische. Schließlich kümmere ich mich um das Volumen, die Verbreitung, die Aura des Parfums, denn dieser Eindruck ist wichtiger als seine Beständigkeit.

Man muss Freude an etwas haben, um andere anrühren und bewegen zu können. Die dem Parfum eigene Freude lässt sich durch eine einfache Geste oft erneuern.

Natürlich lässt sich diese Arbeit unendlich fortsetzen, und ich kann immer weitere Einzelheiten hinzufügen und in die Irre gehen. Diesen Ärger vermeide ich, wenn ich den Eindruck habe, alle Fragen beantwortet zu haben, die ich mir im Verlauf des Schaffensprozesses gestellt habe, aber auch wenn die subjektive Zustimmung eines exklusiven Gremiums erreicht ist.

Auf diese Weise ist die Komposition eines Parfums nicht nur, wie ich zu zeigen versuchte, das gewollte, gewählte und einzige Ergebnis der «Konflikte» und der «Verschmelzungen» zwischen den verschiedenen, am Aufbau und an der Komposition beteiligten Grundstoffen, sondern auch der Ausdruck einer olfaktorischen Handschrift, eines Stils sowie der mir eigenen Kunst, «anders» zu denken, über die auch jeder Parfumeur verfügt.

KAPITEL VI

DAS PARFUM

«In der Kunst ist alles Zeichen.»
Pablo Picasso

Während ich am Parfum arbeite, strebe ich jeden Tag nach dem Schönen, und ich weiß immer noch nicht, wo es ist. Ich weiß nur, um Sie zu erfreuen, zu bezaubern, zu versuchen, zu beeinflussen, zu faszinieren – in einem Wort, um Sie zu verführen –, muss ich, damit das Parfum begehrenswert wird, mit meinem Wissen operieren und es in Szene setzen. Für die klassischen Philosophen kennzeichnet das Adjektiv «begehrenswert» die Grenze der Kunst. Die Tatsache, dass das Parfum sich verflüchtigt und verschwindet, zeugt jedoch davon, dass man es nicht besitzen kann und dass das Begehren nur Verlangen bleibt. Auf diese Weise, begünstigt durch Ihr Gedächtnis, durch gemeinsame Geruchserinnerungen, kann ich das Parfum verführerisch gestalten.

Durch wiederholte Handlungen bilden wir unser olfaktorisches Gedächtnis, willentlich oder unwillentlich, unser ganzes Leben lang. Im Verlauf unserer Entwicklung sammelt unser affektives Leben Geruchserinnerungen. Deshalb mögen wir den Geruch der Haut unserer Kinder, unseres Partners, den Geruch von sauberen Badetüchern, eines Halstuches, einer alten Strickjacke, von Nagellack, Butter auf dem gerösteten Brot, Marmeladen, Kaffee, Tee, Schokolade, gereiftem Wein, Mandeln, Zimt, Pfeffer, Thymian, Reis, Butterkeksen, Blumen, Früchten, Honig, Lavendel, Bleistiften, weißem Klebstoff, gewachsten Möbeln, geschnittenem Gras und Regen. Den Geruch des vergessenen Waschlappens, der U-Bahn oder des Tafelschwamms, den Geruch von saurer Milch, gekochtem Kohl, Knoblauch, bestimmten Farben, kaltem Tabak, Javelwasser, Katzenurin

und nassem Hund – vor allem, wenn es nicht unser eigener ist – mögen wir dagegen nicht. Und wenn die Unterscheidung zwischen einem angenehmen und einem unangenehmen Geruch manchmal eine persönliche, mit einer Begegnung, einem glücklichen oder schmerzhaften Moment verknüpfte Angelegenheit ist, dann können wir durch unsere gemeinsamen Erinnerungen auch Emotionen teilen.

Für die Parfumschöpfer sind unsere Geruchserinnerungen Objekte der Begehrlichkeit, weil unser olfaktorisches Gedächtnis die Wahl unseres Parfums bestimmt. Der Geruchssinn ist folglich, entgegen einer weitverbreiteten Meinung, weder vage noch rudimentär, sondern ein so komplexer und genauer Sinn, dass das Gehirn auf der Grundlage der durch einige Moleküle gelieferten Informationsbruchstücke das Bild eines Geruchs wieder zusammenfügen kann – vorausgesetzt, dass er im Gedächtnis vorhanden ist. Das scheint bemerkenswert, ist aber eine Illusion. Das Vergnügen unserer Sinne ist auch eine Entscheidung unseres Geistes.

I. VON GEWISSEN PARFUMS[1]

Ich beurteile Parfums, die die Zeit überdauert haben, mit der Nase von heute und die neuen mit der von gestern. Und ich werde mir darüber bewusst, dass das Gedächtnis so beschaffen ist, dass die Parfums, die nicht mit Leidenschaft oder Interesse wahrgenommen werden, also nicht an eine persönliche Geschichte oder, in unserem Beruf, an eine olfaktorische Ausbildung geknüpft sind, keine Bedeutung haben und in unserem Gedächtnis keine Spuren hinterlassen. Deshalb stelle ich fest, dass eine pure Bewertung, die der Klassifikation, der Einordnung dient, mich nicht zufriedenstellt.

Diese Art und Weise, ein Parfum zu erfassen, ist zu analytisch, zu distanziert, um mich anzurühren. Um ein Parfum zu entdecken, muss ich es begreifen, es von innen her verstehen. Von seinem Beiwerk befreit, kann ich es bewerten, beurteilen und daraus Schlussfolgerungen ziehen.

Auch stellte ich fest, dass meine Wahrnehmung, meine Erkenntnis, mein Urteil über Parfums sich parallel zu den Ideen, den Werten, den Sitten und dem gesellschaftlichen Geschmack entwickelt haben und dass meine innere Vorstellung von Parfums sich unaufhörlich geändert und bereichert hat. Auf diese Weise erfinde ich meine Vorstellung von der Vergangenheit ständig neu. Einer Vergangenheit, die die Grundlage für den Aufbau meiner zukünftigen Kreationen bildet.

Die Osmothek[2] erfreut mich mit «Le Trèfle Incarnat» von L. T. Piver (1905). Begünstigt durch die Verwendung großer Mengen von Amylsalicylat, welches einen metallischen Stahlgeruch verbreitet, riecht es nach Fortschritt. Und ich genieße mit «Après l'ondée» von Guerlain (1905), der so kühn ist, in verschwenderischer Fülle das an Mimosen und Mandelcreme erinnernde Anisaldehyd zu verwenden.

Eine große Überraschung ist die Entdeckung der Parfums von Paul Poiret, der bereits Aldehyde – von den metallischsten bis hin zu den fruchtigsten – gebraucht und missbraucht, von den abstrakten Düften in «Arlequinade» bis hin zu den so gegenständlichen in «Fruit Défendu». Auch wenn es den Formen mitunter an Ausgewogenheit und Harmonie mangelt, so freut es mich, dass sie alle eine gehörige Portion Frechheit aufweisen.

97

Die zwischen den 1950er- und 1970er-Jahren geschaffenen Parfums meiner Generation ließen mein Herz besonders hochschlagen. Sie heißen «Bandit», «Fracas», «L'Air du Temps», «Diorissimo», «Eau Sauvage», «Fidji», «Calèche», «Habit Rouge», «Calandre», «Chamade», «N° 19». Sie haben eine Samtigkeit, eine Dichte, eine Rundheit, eine Komplexität, eine Reichhaltigkeit, eine Weichheit, lauter Qualitäten, die ich als «voluminös» bezeichne und die von der willentlichen Verwendung natürlicher Grundstoffe herrührt, die sie umschließen und ihnen eine stoffliche Wirkung und ein besonderes Gepräge verleihen.

Wenn ich «Shalimar» von Guerlain, «Miss Dior», «Eau d'Hermès», «Aromatics Elixir» oder «Youth Dew» von Estée Lauder und «Opium» von Yves Saint Laurent rieche, wird das Vergnügen sinnlich, nahezu fleischlich.

Wenn sie ein Wagnis eingehen und die Nase verführen, sind die Novitäten des 21. Jahrhunderts mitunter ein besonderes Vergnügen.

Jede Generation schafft sich auf diese Weise ihre Wurzeln und ihre Erkennungszeichen, sei es im Bereich der Kleidung, der Musik, des Geruchs, usw. Das Parfum ist eine gesellschaftliche Größe und gewissermaßen zum Sterben verurteilt, wenn Erinnerung und Mythos nicht aufrechterhalten werden und fortleben. Und zwar nicht in der Vergangenheit, sondern in einer aktualisierten Botschaft. Im 20. Jahrhundert ist zweifellos die Rose das Thema, das die Parfumschöpfer am häufigsten wiederaufgenommen haben.

II. DIE EINTEILUNG DER PARFUMS

Obgleich die Idee, den Geruch zu bestimmen, auf Aristoteles zurückgeht, entstand der Gedanke, die Parfums zu klassifizieren, erst gegen Ende des 20. Jahrhunderts – die Aromenindustrie wollte somit die komplex gewordene Welt der Parfums erfassen, eine Bestandsaufnahme machen, diese begründen und sich möglicherweise auf die Suche nach dem begeben, was (noch) nicht existiert. 1976 bietet das deutsche Unternehmen Haarmann & Reimer daher die erste Einteilung von Damenparfums an. Diese ist durch das Klassifikationsmodell des amerikanischen Unternehmens Graysson Associated Inc. angeregt und gründet sich auf Genealogien bzw. Parfumabfolgen, die eine Art Abstammungslinie zeichnen. Andere große Akteure des Marktes sind seitdem dem Beispiel gefolgt und bieten ihre Parfumklassifikationen an.

Die bekannteste, die auch für die gesamte Parfumindustrie als Referenz dient, ist die der französischen Gesellschaft der Parfumeure (SFP) aus dem Jahre 1984. Ur-

sprünglich beschränkte sich die Klassifikation auf die Damenparfumerie und gliederte sich in fünf große Duftfamilien: blumige Noten, Chypre-Noten, Fougère-Noten, orientalische oder Ambernoten und Ledernoten, die wiederum, außer den Fougère- und Ledernoten, in mehrere Unterfamilien unterteilt waren. 1990 wurde eine zweite Klassifikation veröffentlicht. Neben der Einteilung der Damenparfums umfasst sie die der Herrenparfums, wobei zwei neue Familien eingeführt werden: die Hesperiden- oder Zitrusnoten und die Holznoten, mit ihren Unterfamilien.

Die Abgrenzung dieser Familien richtet sich nach einem von den meisten Parfumeuren anerkannten Gefüge, dessen Aufbau auf der Verknüpfung von Riechstofftypen beruht. Im Hinblick auf die Fougère-Noten ist daher zu lesen: *FOUGÈRE, Phantasiebezeichnung, die keinen Anspruch auf einen Bezug zum Duft der Farne erhebt und die durch folgende Noten hergestellt wird: Lavendel, Holz, Eichenmoos, Kumarin, Bergamotte, Geranie, usw.*

Ich war Mitglied der Parfumklassifizierungskommission der SFP und frage mich heute, welchen Sinn eine derartige Einteilung tatsächlich haben kann. Denn nur wenige Menschen können sich beim Lesen einer derartigen Definition einen Begriff vom «Fougère»-Duft machen, weil sie den Geruch der verschiedenen Riechstoffe nicht kennen und sich das Ergebnis ihrer Kombination nicht vorstellen können.

Die Lektüre dieser wenigen Zeilen aus Jean Gionos Reisebuch «In Italien um glücklich zu sein» bestärkt mich in der Auffassung, dass jeglicher Klassifikationsversuch ein unmögliches Unterfangen ist: «Es quält mich, dass ich, wenn ich über ein Bild spreche, so wenig von den Farben sagen kann, was doch das Wichtigste wäre. Ich kann zwar von rot, grün, blau und gelb reden – aber diese Worte vermitteln keine Anschauung. Ich habe festgestellt, dass gewitzigtere Leute sich dann mit Metaphern aus der Klemme ziehen, worauf alle Welt hereinfällt. Wer aber darf behaupten, ein Bild *gesehen* zu haben, wenn man es ihm mit Worten beschrieben hat? Es mit Gefühlen zu beschreiben (was zunächst ein Fortschritt zu sein scheint), stiftet letzten Endes nur Verwirrung.»[3]

Beim Lesen dieses Textes bleibe ich an dem Wort «sentiment» (Gefühl) hängen. Ich lese «le-sentiment» (das Gefühl) und höre «le-sens-qui-ment» (der Sinn, der lügt). Jede Einteilung ist ein Risiko, vielleicht eine Sackgasse. Ich habe mich auch mit anderen Klassifikationstypen befasst, u. a. mit der Einteilung der klassischen Musik. Dabei habe ich gelernt, dass die Musik über lange Zeit nach Strukturen gegliedert wurde, die mit ihrem Aufbau zu tun haben: Ballade, Bourrée, Kirchenlied, Concerto, Etüde, Fuge, Menuett, Pavane, Polka, Polonaise, Rhapsodie, Sonate, Suite, Symphonie, Walzer, usw. Und auch dass in den 1950er-Jahren zahlreiche Komponisten diese hergebrachten Formen verwarfen und sich eher für den Klang der Instrumente als für die Struktur der Musik interessierten. Diese Einteilungen bleiben jedoch bestehen, wenn man z. B. eine CD erwerben möchte, wir können unsere Auswahl nach Musikkategorien treffen: Klassik, Jazz, Pop, Rock, Country, Blues, Folk, Soul, Rap, etc.

Diese Einteilung gibt uns allerdings kaum Auskunft über die Qualität der Musik. Heute wird die Auswahl durch den Namen des Urhebers oder Interpreten bestimmt: Norah Jones, Mozart, Brad Mehldau, Charles Trénet, usw.

Bei den heutigen Parfumklassifikationen lassen sich m. E. die wichtigen Informationen mit dem Jahrgang und dem Namen des Parfums sowie der Marke, die es eingeführt

hat, zusammenfassen. Anhand des Geburtsjahres lässt sich – unter der Voraussetzung, sie riechen zu können – die Entwicklung der Parfums nachvollziehen, außerdem geben die Namen der Marken einen Hinweis auf die Kreativität eines jeden Unternehmens (siehe Seite 158–161).

Im Übrigen haben die Parfumschöpfer und der Markt bei ihrer Suche nach neuen Ausdrucksmöglichkeiten neue Strukturen erzeugt. Die Verbindungen zu den alten Parfums befinden sich vor allem im Gedächtnis der Parfumeure, ebenso wie der Geruch der Parfums, die als Referenz dienen. Neue Parfums sind geboren, viele sind verschwunden. Die Osmothek bewahrt sich die Vergangenheit.

Strukturen. Worte. Gefühle. Keiner dieser Ansätze ist richtig. Hier lege ich eine persönliche Typologie vor, wonach die Parfums durch eine Form bestimmt sind, d. h. durch die Art und Weise, wie das Parfum wahrgenommen wird, und nicht durch die Riechstoffe, aus denen es zusammengesetzt ist.

Klassische, barocke, narrative, skulpturale, abstrakte, minimalistische Form, usw.

- Die barocken Parfums sind durch einen übertriebenen, Raum einnehmenden Ausdruck gekennzeichnet. Die Betonung einer Einzelheit kann dabei eine Spannung schaffen.
- Die klassischen Parfums haben Gestalt angenommen, sie sind Archetypen der Parfumhersteller geworden.
- Die abstrakten Parfums sind diejenigen, die nicht auf eine Nachahmung der Natur verweisen.
- Die skulpturalen Parfums bemühen sich um eine getreue Wiedergabe des gewählten Duftes.
- Die narrativen Parfums erzählen eine Geschichte oder berichten von einem Ort, einer Reise.

– Die minimalistischen Parfums bieten den von jegli-
chem Gefühl befreiten Duft im Sinne von l'art pour l'art
dar.

Zahlreiche Kombinationen sind natürlich möglich.

Die modernen Parfums kommen in diesem Vorschlag
nicht vor. Die Bezeichnung «modern» definiert keine Form
eines Parfums, sondern einen Übergangszustand. Das Barocke war zu seiner Zeit modern, allein durch die Zeit war
es möglich, diese künstlerische Ausdrucksform zu erkennen und zu bestimmen.

Die Schöpfung, bei der es sich definitionsgemäß um ein
offenes System handelt, widersteht und stellt sich sogar jeglicher Klassifikation entgegen, die ein geschlossenes System
darstellt. Die Schaffung einer neuen Ordnung bleibt eine
Herausforderung, ein Abenteuer.

III. DIE KRITIK DER
PARFUMS

Die *New York Times* stellte im August 2006 einen Parfumkritiker ein. Der Journalist kommentierte seine An-
stellung mit folgenden Worten: «Die Schöpfung eines Parfums ist eine der hohen Formen künstlerischen Ausdrucks,
von gleichem Rang wie die Malerei oder die Musik. In
dieser Kolumne wird das Parfum als vollwertige Kunst
behandelt werden.» Er wurde der erste Kritiker der Par-
fumkunst. Diese Neuigkeit erfreute mich. Es entstand ein
neuer Beruf.

Die Kritik der Parfums ist unverzichtbar, um als vollwertige Form künstlerischen Ausdrucks anerkannt zu werden. Es geht nicht einfach darum, das Parfum durch die

Aufzählung der offengelegten Riechstoffe, aus denen es sich zusammensetzt, zu beschreiben – das Lesen eines Kochrezeptes hat im Mund noch nie den Geschmack des zubereiteten Gerichtes erzeugt –, sondern es mit Bezug auf seinen Ausdruck, seine Originalität, seine Qualität und seine Handschrift, die ich als Stil bezeichne, zu beurteilen, weil es der Stil ist, der die Parfums der verschiedenen Urheber, die sie geschaffen haben, voneinander unterscheidet. Für die Parfumschöpfer bringen diese Kritiken eine ständige Infragestellung mit sich, denn das Distinktionsmerkmal erscheint mir im Hinblick auf einen Markt, auf dem alle Marken der Konkurrenz anderer ausgesetzt sind, wichtiger als das der Novität, die nur ein vorübergehender Zustand ist. Für den Fortbestand der Marken wäre dies von Vorteil.

Vor allem im Internet konnte eine gewisse Parfumkritik entstehen. Die Parfum-Blogs, bei denen es sich anfänglich um Amateur-Blogs handelte, sind mit mehreren Tausend Besuchern pro Tag zu wichtigen Orten des Austausches geworden. Heute kommentieren diese Kritiker die neuen Parfums, ihre Meinungen sind frei, ebenso wie die der Internetnutzer, die auch ihre Beurteilung abgeben. Ich schätze ihre Vorgehensweise, ihr ehrliches Engagement – ganz gleich, ob es sich um Verliebte, Feinschmecker oder Kenner handelt –, solange sie unabhängige Kritiker der Parfums bleiben und nicht zu Instrumenten einer Vermarktung unter der Schirmherrschaft der Marken werden. Aus meiner Sicht ist dies sowohl für die Parfumliebhaber als auch für die Parfums und die Parfumschöpfer von Bedeutung. Diese Kommentare können die jungen Talente und die neuen Ansätze nur bestärken und sie für einen Moment die Top 10 des Marktes vergessen lassen, die durch keine Form der Kritik getragen wird, weil sie lediglich die stark vereinfachende Information bietet, dass diese Parfums einem bestimmten Prozentsatz der Verbraucher gefallen haben.

KAPITEL VII

VON DER ZEIT

«*Eine Stunde ist nicht nur eine Stunde,
sondern ein mit Düften, Klängen, Plänen und
Klimaten angefülltes Gefäß.*»
Marcel Proust, Die wiedergefundene Zeit

Von der Terrasse des Dogenpalastes am Markusplatz in Venedig aus betrachte ich den berühmten Uhrenturm. In der Mitte des Turms befindet sich das große runde, nachtblau emaillierte Ziffernblatt, das in einem äußeren Kranz 24 Stunden in steinernen römischen Ziffern anzeigt. Über dieser Rosette, neben der Madonna, gibt ein weiteres Ziffernblatt die Stunden und die Minuten an, links die Stunden, rechts die Minuten. Erst X Uhr oo, dann o5, 10, 15 ... Während meine Armbanduhr der Zeit hinterherläuft, schenkt uns das neu installierte digitale Zifferblatt, zusätzlich zur Zeitanzeige, Zeit. Denn wenn mein Verstand mir sagt, dass meine Armbanduhr und die Turmuhr dieselbe Zeit anzeigen, so gehe ich bei der numerischen Zeitangabe instinktiv von einer anderen, subjektiven Wahrnehmung aus. Aufgrund der unterschiedlichen Zeitintervalle habe ich das Gefühl, dass die Zeit anders dahinfließt. Dieser Eindruck verstärkt sich durch ein Schwindelgefühl, wenn ich den Sekundenzeiger mit meinem Blick verfolge. Ein Schwindelgefühl, das Christian Morgenstern wie folgt beschrieben hat:

«Es gibt ein sehr probates Mittel,
die Zeit zu halten am Schlawittel:
Man nimmt die Taschenuhr zur Hand
und folgt dem Zeiger unverwandt.

Sie geht so langsam dann, so brav
als wie ein wohlerzogen Schaf,
setzt Fuß vor Fuß so voll Manier

als wie ein Fräulein von Saint-Cyr.
Jedoch verträumst du dich ein Weilchen,
so rückt das züchtigliche Veilchen
mit Beinen wie der Vogel Strauß
und heimlich wie ein Puma aus.

Und wieder siehst du auf sie nieder;
ha, Elende! – Doch was ist das?
Unschuldig lächelnd macht sie wieder
die zierlichsten Sekunden-Pas.»

Aber warum über die Zeit sprechen? Weil die Zeit unser Denken beeinflusst, unseren Alltag durchdringt, die von uns geschaffenen Gegenstände formt und weil sie auf den verschiedenen Kontinenten und durch jeden von uns anders erlebt, vergegenwärtigt und verwendet wird. In Indien ist die Komposition der traditionellen Musik mit dem Zyklus der Jahreszeiten und des Tages verknüpft. In China haben die Maler nie den Schatten abgebildet, um von ihrer Welt in einer unbestimmten Zeit berichten zu können. Näher bei uns sagt der Modeschöpfer Yohji Yamamoto: «Meine Kleider haben keine Saison.»[1]

I. VON DER ZEIT UND DEN PARFUMS

Jede Epoche ist durch den Zeitgeist geprägt. Dieser bewegt sich frei und irrational, er drückt sich in einer Gesamtheit künstlerischer Erzeugnisse aus, bei denen die ihnen zugrunde liegenden Ideen, die Intuition und der Instinkt zahlreiche Verbindungen aufweisen und untereinander eine Resonanz erzeugen.

DER UHRENTURM AN DER NORDSEITE DES
MARKUSPLATZES, SPÄTES 15.JH.

Ich erinnere mich an Diskussionen mit Alain Senderens,
der von der japanischen Küche fasziniert und einer der
Erfinder der französischen «Nouvelle Cuisine» war. Er un-
terstrich den Einfluss des Geschmacks, der Darbietungsweise
und auch die Bedeutung der Zeit. Er betonte die Bedeutung
der genauen Zeiteinteilung für die Marinaden, um auf der
Zunge ein optimales Gleichgewicht zu erhalten, wie auch
die für den Kochvorgang – dies erlaubte es ihm, heiß-kalte
Gerichte zu schaffen, die ohne eine exakte Zeitkontrolle
undenkbar gewesen wären – und die Vorteile der Niedergar-
methode.

Wie steht es mit dem Parfum? Im Verlauf des 20. Jahrhunderts haben sich die Parfumeure in ihren Kompositionen virtuos an den Grundstoffen, der Reichhaltigkeit, der Konsistenz, der Kraft und nicht zuletzt an den klassischen Vorbildern orientiert. Zur Bestätigung dieses Könnens, bei dem der Grundstoff den Ausschlag gibt und das bis gegen Ende der 1970er-Jahre Vorbild bleibt, sind die Parfumformulierungen komplex: Zu den Bestandteilen der Kompositionen gehören weitere Formulierungen, Mischungen, Basen, Zusätze, Dubletten. Die Zubereitungen sind lang, die Mengenanteile kompliziert. Die Laborantinnen können einen ganzen Tag damit verbringen, eine Formulierung «zusammenzubauen». Das nach mehreren Monaten der Forschung entwickelte Parfum lässt man reifen und anschließend in einem Gefäß mazerieren, manchmal bis zu sechs Monate, um die physikalisch-chemischen Reaktionen zu unterstützen.

Die wichtigsten Parfumproduzenten entschließen sich gegen Ende dieser Epoche, das Geruchsprofil aller zur Parfumherstellung benutzten Rohstoffe zu ermitteln, zudem untersuchen sie ihre Wirkung über die Zeit. Dieses technische Detail könnte anekdotenhaft erscheinen, wenn es nicht Ausdruck eines Wandels von Geschmack und Zeitauffassung wäre: Auf einem zunehmender Konkurrenz unterworfenen Markt erwarten die Verbraucher, dass die Komposition eines Parfums erfassbar wird.

Zehn Jahre später entstehen «Attraktivitäts-» oder Markttestverfahren. Zahlreiche Parfumschöpfer gehen die Zusammensetzung eines Parfums auf eher technische Weise an und gestalten sogenannte lineare Konstruktionen. Das Parfum soll die Illusion schaffen, kompakt zu sein, sich fortgesetzt ohne merkbare Variation auszudrücken und bis zum Ende hin eine starke und spannungsgeladene Präsenz aufzuweisen, bei der die Stabilität von Dauer sein muss. Verdunstung und Anhaftung auf der Haut werden zu schlagkräftigen Verkaufskriterien.

Diese lineare Konstruktion erinnert mich an bestimmte musikalische Kompositionen, die zur selben Zeit aufkommen. Im Unterschied zur sogenannten klassischen Musik oder zum Jazz, die mit Intensitätsschwankungen spielen und deshalb ein aktives Zuhören erfordern, werden starke Zäsuren hier aufgegeben, um ein passives Zuhören in jedweder Umgebung zu ermöglichen.

Die für diese Parfums verwendeten Bestandteile sind diejenigen, die ihre ursprüngliche Identität beibehalten, sich im Laufe der Zeit nur geringfügig verändern und eine bleibende Strukturierung der Komposition erlauben. Die wandlungsfähigen Produkte natürlichen Ursprungs finden bei diesem Parfumtyp nur wenig Raum – Patschuli und Sandelholz, die einen beständigen Duft aufweisen, ausgenommen. Die Parfumformulierungen bleiben jedoch komplex, da es aufgrund der Automatisierung des Herstellungsprozesses möglich ist, Parfumkonzentrate in weniger als einer Stunde herzustellen. Der Reifungsprozess gerät in Vergessenheit und die Mazeration wird in die Warenregale der Parfumgeschäfte verlagert.

Neben diesen linearen Konstruktionen, die den Wünschen bestimmter Verbraucher entsprechen, findet bei einer anderen Klientel eine andere, begrifflichere Konstruktionsform von Parfums, die ich als «wandlungsfähig» bezeichne, ihren Platz. Die Komposition als harmonisches Ganzes wahrgenommen werden, das sich im Verlauf des Verdunstungsprozesses verändert, zum Prozess wird, das, mit Höhen und Tiefen, ohne Unterlass Überraschungen herbeiführt. Der Stil setzt sich gegenüber dem Duftstoff durch. Für den Parfumeur geht es darum, eine spannende

Abfolge von Geruchsmomenten zu schaffen. Die Ausdruckszeit wird nicht mehr als Beschränkung, sondern als Erweiterung empfunden, mit der eine Wahlmöglichkeit wiederhergestellt wird.

Die verwendeten Bestandteile sind, unabhängig von ihrem Ursprung, Riechstoffe, deren Geruch sich im Laufe der Zeit wandelt. Da sie natürlichen Ursprungs sind, ist ihre Zusammensetzung komplex und ihre Verwendung heikel.

Der Sinn dieser vereinfachten Aussagen besteht nicht darin, ein Urteil über die Qualität der Konstruktionsformen abzugeben, sondern die Zeit als wesentlichen Bestandteil der Parfumschöpfung zu erfassen. Und wenn ich hier einen kurzen Vergleich zur Kochkunst gezogen habe, so liegt dies daran, dass ich in dieser von Michel Onfray in «Die genießerische Vernunft. Die Philosophie des guten Geschmacks» (1998)[2] perfekt beschriebenen Ausdrucksform eine Parallele zur Parfumschöpfung von gestern und heute finde.

II. VON DER ZEIT DES SCHAFFENS

Zu meinem Bedauern habe ich die Fähigkeit verloren, mich zu langweilen. Ich schreibe. Ich lese. Ich pflege den Garten. Ich male. Ich koche. Ich bediene den Staubsauger. Und auch wenn meine diversen Tätigkeiten mehr oder weniger mit den Parfums verbunden sind (der Staubsauger ausgenommen), möchte ich ein Loblied auf die Untätigkeit anstimmen, denn sich Zeit zu nehmen bedeutet nicht, seine Zeit zu verschwenden. Die meisten Ideen und Anregungen sind mir im Verlauf von Begegnungen, bei der Lektüre, während eines Spaziergangs oder eines Bummels eingefallen, in Momenten, in denen ich zu-gäng-lich war. Es geht dann darum, den Augenblick zu nutzen und einige Worte, einige Rohstoffbezeichnungen, den Anfang einer Idee zu Papier zu bringen. Die Schaffensperiode kann zwischen einigen Tagen und mehreren Monaten betragen. Die Kompositionen, die ich in wenigen Tagen kreiert habe, haben sich meinem Gedächtnis aufgedrängt, als wären ihre Formen bereits vorhanden gewesen. Die, die mehr Zeit erforderten, haben sich erst langsam aufgebaut. Es ist vorgekommen, dass ein Versuch, der nicht meiner ursprünglichen Vorstellung entsprach, weil er das Ergebnis einer unvorhergesehenen Kombination oder eines Irrtums bei der Dosierung eines der Bestandteile war, sich als guter Weg erwiesen hat. Aus diesem Grund bewahre ich alle Versuche über mehrere Monate auf und lasse die Zeit arbeiten. Es kommt vor, dass ich nach einer Vielzahl von Versuchen zu einem ursprünglichen Test zurückkehre, den ich unvollkommen fand, um dann auf einem anderen Weg fortzufahren. Bei diesem Ansatz weiß ich eigentlich häufig besser, was ich nicht möchte, und gehe eher im Ausschlussverfahren vor, um das gewünschte Ziel zu erreichen.

III. VON DER ZEIT DES RIECHENS

Wie wir alle wissen, entfaltet sich das Parfum in Zeit und Raum. Gleichzeitig nehmen wir es vom ersten Augenblick an, in dem wir es riechen, als Ganzes war. Denn es genügt, aus seiner Komposition einen sogenannten Grundbestandteil – ich ziehe den Ausdruck «fernen Bestandteil» vor – herauszunehmen, um den Unterschied zu riechen. Der ferne Bestandteil ist folglich von der ersten Geruchs-

wahrnehmung an präsent. Wenn ich als Parfumeur die Parfumformulierung nicht kenne und mich über ihr Vorhandensein vergewissern will, dann vergesse ich für 48 Stunden einen mit Parfum durchtränkten Teststreifen, den ich an einer Fotoklammer eingehängt habe. Nach dieser Zeit sind zahlreiche Moleküle verdunstet und haben den beständigeren Platz gemacht. In bildlicher Sprache ausgedrückt: Wenn der Bus sich leert, begegne ich den Nachbarn wieder, die ich kenne. Das Parfum hat folglich eine einzigartige Ausdrucksform, in der Raum und Zeit eins sind und zu der eine Frustration hinzukommt: die Unmöglichkeit, unsere Aufmerksamkeit für mehr als einige Minuten auf ein Parfum oder einen Geruch zu richten, auf die Gefahr hin, davon genug zu haben, nichts mehr unterscheiden zu können und nur ein parfumiertes Rauschen wahrzunehmen. Mit den anderen Sinnen kennen wir diese Frustration nicht. Während sich die Moleküle in einem Kontinuum ausdrücken, kann unsere Nase nur Momente, Zeitintervalle aufnehmen – vielleicht, um diesen Sinn gerade wachzuhalten. Um diese Schwierigkeit auszugleichen, entschlüsseln, bewerten, vergleichen wir folglich mit Unterbrechungen und arbeiten mit der Erinnerung an den Geruch. Die Önologen bedienen sich dieser Eigenschaften für die Bewertung von Weinen. Das kurze Ritual besteht darin zu betrachten, zu riechen, zu schmecken und dann auszuspucken, um das Aroma in seiner Dauer und seiner Beständigkeit zu würdigen. Ein Parfum zu riechen bedeutet, eine Abfolge von Momenten zu riechen. Dem Parfumeur obliegt es, diesen Effekt in seiner Schöpfung spielerisch zu nutzen oder zu vereiteln.

IV. VON DER ZEIT DES KAUFES

Nach Auffassung des Anthropologen Edward T. Hall ist jeder Sinn mit einer bestimmten, idealtypischen Distanzzone verknüpft. Zusammenfassend kann man seinen Untersuchungen zufolge sagen, dass der visuelle Sinn der der «öffentlichen Distanz» ist, die räumliche Distanz zwischen Menschen, die sich nicht kennen, und somit eine allgemeine Orientierung ermöglicht; sie entspricht der Entfernung, die zwischen Lehrern und Schülern oder bei Informationssitzungen eingehalten wird. Das Gehör ist der Sinn der «sozialen Distanz», einer Entfernung, die die Kommunikation mit dem anderen erlaubt und das Teilen und die Handelsbeziehungen fördert. Der Tast- und der Geschmackssinn entsprechen der «intimen Distanz», dem Abstand des Feinschmeckers, der auch dem des Flüsterns und der Vertraulichkeit entspricht. Der Geruchssinn ist mit der «persönlichen Distanz» verbunden, die zwischen sozialer und intimer Distanz angesiedelt ist; dies ist der Abstand für einen Schwatz, für freundschaftliche Beziehungen, für das Teilen von Emotionen und Erfahrungen.

Bei der Vermarktung wird durch die Begünstigung der einen oder anderen sensorischen Modalität eine bestimmte Distanzzone in Bezug auf den Kunden oder Verbraucher eingenommen.

So bevorzugen die großen Handelsketten den visuellen Sinn, da sich die Aufmerksamkeit dadurch schnell einfangen lässt, umso mehr, als der Raum absichtlich neutral, breit und tief ist und Bewegungsfreiheit ermöglicht. Die «Top 10» der Verkäufe der Woche sind angezeigt, die Neuigkeiten deutlich hervorgehoben. Die Werbetafeln set-

zen auf verführerische Bilder, Erotik und Berühmtheiten. Alles ist darauf angelegt, auf visueller Ebene die Aufmerksamkeit zu gewinnen. Die Produkte sind auf der mittleren Höhe des Gesichtsfeldes aufgestellt. Auf Bildschirmen sind Werbefilme zu sehen, die im Fernsehen gezeigt werden. Es geht darum, die im Moment bestehenden Bedürfnisse zu befriedigen, auf das unmittelbare Verlangen einzugehen. Ein Verbraucher verweilt im Durchschnitt sieben Minuten in den Parfumerieräumen der großen Kaufhäuser.

Obgleich die kleineren Boutiquen und Fachgeschäfte vom Markendisplay profitieren, bevorzugen sie die persönliche Distanz. Der Raum ist individuell gestaltet und die Markennamen mit ihren Farbencodes sind klar definiert. Manchmal stehen den Kunden Duftsäulen zur Verfügung, an denen sie die Parfums kennenlernen können. Am Tresen steht Personal. Man muss warten, sich Zeit nehmen. Der Vorzug wird dem Zuhören, dem Gespräch, den Ratschlägen sowie dem Ausprobieren und Umschauen gegeben. Der durchschnittliche Zeitaufwand für einen Einkauf in einer Boutique oder einem Fachgeschäft beträgt 30 Minuten. Diese lange Zeitspanne unterstützt die persönliche Erfahrung, die Speicherung im Gedächtnis und die Produkttreue des Kunden.

V. DIE ZEIT BEI HERMÈS

Die Zeit bei Hermès versuche ich so zu leben, dass ich offen für die Eindrücke des Augenblicks bleibe und mir eine große Zugänglichkeit bewahre. Diese Einstellung erinnert mich an eine Passage aus den «Essais» von Montaigne, in denen er uns nahelegt, nicht in der Gegenwart, sondern «gemäß der Zeit»[3] zu leben.

Die Zeit dreht sich bei Hermès um die Hermessencen, die «Jardins», die Colognes, um die sogenannten Schaufenster-Parfums. Die Kollektion der Hermessencen nehme ich mit einer Gemütsruhe in Angriff, die ich bislang so nicht hatte. Die Angst zu gewinnen, einen «Markt» erobern zu müssen, gehört der Vergangenheit an. Die einzige Eroberung ist der Hermès-Kunde. Der Verkauf findet ausschließlich im Fachgeschäft statt; die Zeit ist die, die es zum Experimentieren braucht, und nicht eine vom Markt diktierte Standardzeit. Ich kann mir auf diese Weise Zeit nehmen, auch Zeit vergeuden, suchen, verwerfen, sparen, vergessen, meinen Beruf leben. In der Hoffnung, zu bezaubern, schöpfe ich für mich.

Auch die Zeit der «Jardins» ist sehr lehrreich. Diese mir unbekannten Orte, die Gefühlsschwankungen ausgelöst haben, boten die günstige Gelegenheit, für jedes Parfum ein Thema auszuwählen. Das Feigenblatt für «Un Jardin en Méditerranée», die grüne Mango für «Un Jardin sur le Nil», Ingwer und Wasser für «Un Jardin après la Mousson». Der Augenblick der Schöpfung war jedes Mal sehr kurz. Die Ausarbeitung nahm mehrere Monate in Anspruch. Und wenn ich während der ersten Reisetage zu den beiden ersten «Jardins» starke Ängste empfunden habe, so hatten diese Momente mit der Furcht zu tun, kein geeignetes Thema zu finden und dass der kommerzielle Erfolg sich vielleicht nicht einstellen würde. Nach der Erfahrung mit den beiden ersten «Jardins» konnte ich den dritten mit Gelassenheit betreten.

Durch die kreative Freiheit, die sie mir bietet, ähnelt die Zeit der Colognes der der Hermessencen, bis auf einen offenkundigen Unterschied, der mit dem Ausdruck des Produktes zusammenhängt. Nach einer im 19. Jahrhundert entstandenen und weiterhin gültigen moralischen Kon-

117

vention wird das Eau de Cologne für die Körperpflege, die Hygiene, für das unmittelbare Wohlbefinden verwendet, in der Erotik und Sexualität ausgeblendet sind. Diese schmucklosen Produkte, die wie nichtssagend erscheinen, wollen sich verändern, denn sie unterstützen eine Gestik, ein Ritual, eine ungekünstelte Freude und eine akzeptierte Androgynität.

Die Schöpfung der Schaufenster-Parfums für einen größeren Vertrieb ist beschwerlich, weil der Markt seine Zeit diktiert, die der Erneuerung, des Wechsels, im Grunde die des Wandels. Der Wandel begünstigt die Innovationen. Die Innovation schafft Nachfrage. Zahlreiche Parfums werden aus den Regalen genommen, bevor sie überhaupt wahrgenommen wurden, was von einem Mangel an Respekt sowohl für die Kunden als auch für ihre Schöpfer zeugt.

Um Abstand zum Markt zu schaffen, kreiere ich nicht entsprechend der Nachfrage, der Markt ist nicht meine Bezugsgröße. Um auf die Dauer schöpferisch sein zu können und in meinen Möglichkeiten frei zu bleiben, muss ich frei über meine Zeit verfügen können. Um achtsam mit der Zeit umgehen und meinen Gedanken und Versuchen freien Lauf lassen zu können, habe ich mich für ein Leben fern von Paris entschieden. Als Künstler und Handwerker habe ich eine Vision vom Parfum, die sich in einem Stil ausdrückt, der zu der Welt von Hermès passt. Ich benötige Licht und Raum, um meinen Kreationen einen dauerhaften, fröhlichen, gegenwärtigen und leichten Ausdruck verleihen zu können.

Da es sehr schwierig ist, unserem üblichen Zeitkorsett zu entfliehen, möchte ich mit einem Text von Jean Giono schließen: «Die Tage (...) haben keine längliche Form, diese Form der Dinge, die ein Ziel haben: der Pfeil, die Straße, der Lauf des Menschen. Ihre Form ist rund, und dies ist die der ewigen und unbeweglichen Dinge: die Sonne, der Mond, Gott. (...) Alle zivilisierten Menschen (...) behaupten: die Tage sind lang. Nein, die Tage sind rund. Wir bewegen uns auf kein Ziel zu, eben weil wir auf alles zugehen, und alles ist in dem Moment erreicht, in dem unsere Sinne zur Empfindung bereit sind. Die Tage sind Früchte, und unsere Rolle besteht darin, sie zu essen ... und daraus unser geistiges Fleisch und unsere Seele zu machen, zu leben. Leben hat keinen anderen Sinn als dies.»[4]

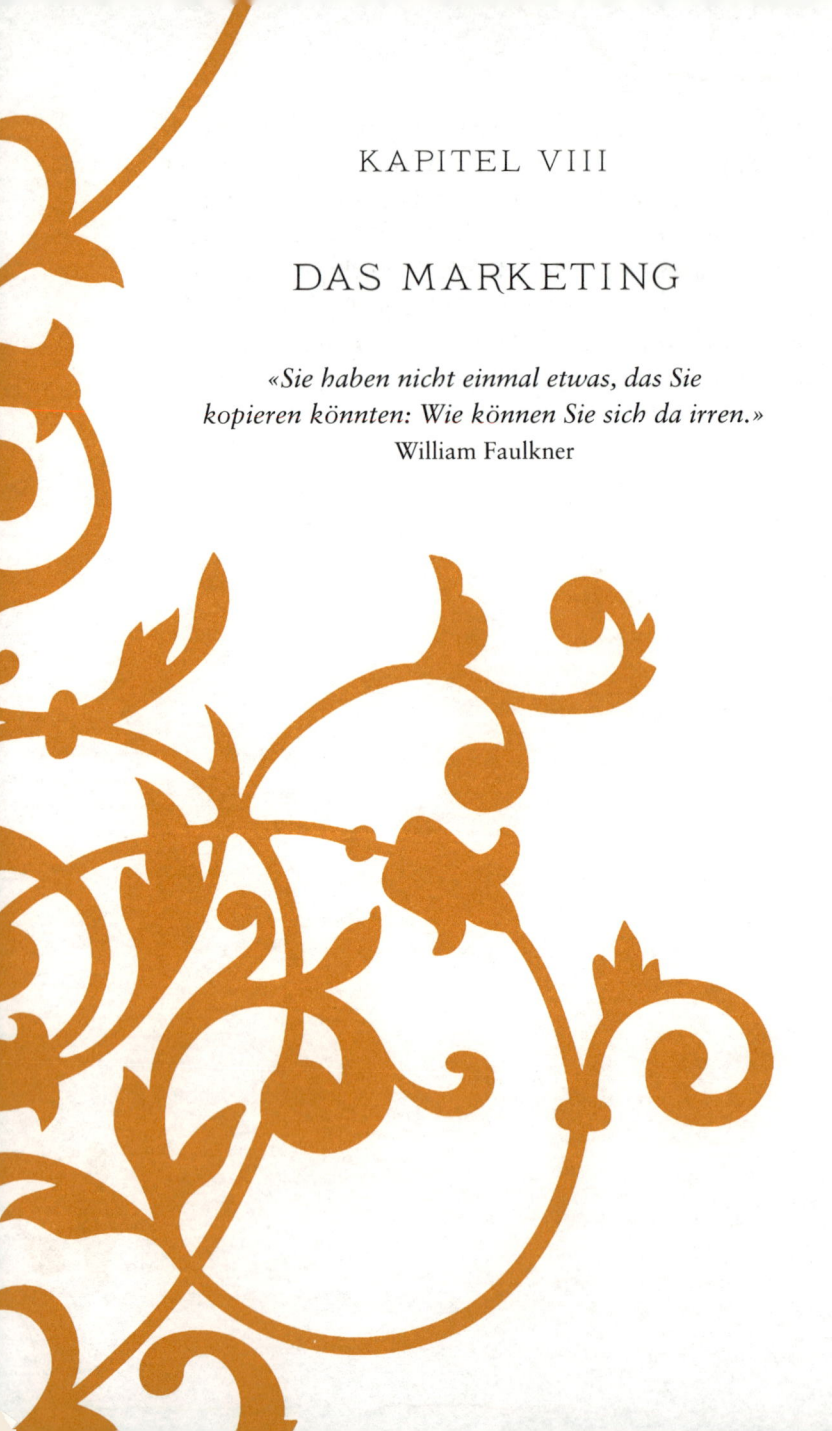

KAPITEL VIII

DAS MARKETING

«Sie haben nicht einmal etwas, das Sie
kopieren könnten: Wie können Sie sich da irren.»
William Faulkner

Es ist nicht meine Absicht, das Marketing mit Bezug auf die Welt des Parfums zu erklären, sondern die Rolle des Parfumschöpfers in die verschiedenen Formen des Marketings einzuordnen.

Zur Erinnerung: Mit «Marketing» bezeichnen wir alle unsere Anstrengungen, Produkte den Erwartungen der Konsumenten optimal anzupassen. Wir definieren, entwerfen, schaffen und erneuern also Produkte im Hinblick auf die Verbraucher oder passen die Erzeugnisse dem Handels- und Produktionsapparat entsprechend an.

Historisch betrachtet, erscheint das Marketing erst in den 1970er-Jahren in den Parfumunternehmen. In wenigen Jahren gehen die Parfumeure von der Angebotsvermarktung eines elitären, vom Vorstand des Unternehmens ausgewählten Produktes (das Wort «Marketing» wurde noch nicht verwendet) zu einem von der Marketingabteilung bestimmten, zugänglichen Produkt über.

Durch die Erweiterung der Produktauswahl, durch die Garantie einer verlässlichen Produktqualität, durch einen weltweiten Vertrieb und eine bessere Beherrschung der investierten Finanzmittel hat das Marketing die Entwicklung der Parfummarken begünstigt und zur Verwandlung des Handwerks in eine international leistungsfähige Industrie beigetragen.

I. DIE UNTERSUCHUNG DER NACHFRAGE INNERHALB DES MARKETINGS

Aufgrund der Zielsetzung, den Parfumverkauf auf die ganze Welt auszudehnen, wurde die Vermarktung des konkreten Parfums – auch weil sie zu sehr auf Überzeugungen und persönlichen Entscheidungen beruht – vernachlässigt. Für die Vermarktung eines konkreten Produkts wird das Augenmerk auf die Nachfrage gelegt. Was Verbraucher wollen, wird durch eine ständige Bewertung der Bedürfnisse, Gewohnheiten und Interessen ermittelt, durch ihre Art und Weise, Produkte zu beurteilen sowie das Vergnügen, das sie daraus ziehen. Das Marketing segmentiert den Markt nach Kundentypen und passt die Produkte dem Markt an, was vielleicht innovativ ist, aber nicht schöpferisch. Diese Produkte sind vorab angepasste Antworten, die auf einen bestimmten, ausgewählten Verbrauchertyp abzielen. Diese Sichtweise des Marktes hat viele Hersteller dazu veranlasst, Produkte zu entwerfen, die allen gefallen sollen. Die Auswahl wird durch Instrumente gesteuert, die auf die Nachfrage und den Geschmack der Verbraucher ausgerichtet sind: Parfumklassifikation, internationale Marktanalysen, Verwendung von Trendzeitschriften (die schon in der Modewelt genutzt werden), Einrichtung von Qualitätsgruppen und vor allem von direkten Markttests. Letztere haben Parfums erzeugt, die nach einer Technik aufgebaut sind, die ich als *Cursor*-Technik bezeichne. Die Kreation wird durch eine Tabelle der Parfumgeruchsanalyse bestimmt. Die Tabelle ist mit Worten versehen, die als Parameter fungieren: feminin, maskulin, selten, reich, kraftvoll, leicht, elegant, blumig, holzig, modern, klassisch, ausdauernd, usw. Das Marketing und das Unternehmen, das den Test durchführt, legen die Begriffe der Tabelle fest. Der Parfumschöpfer bekommt dann die Aufgabe, ein Parfum entsprechend dem ermittelten Idealprofil zu erzeugen, das genau den Wünschen des Marketings entspricht. Indem die Parfumschöpfer – unter Verwendung dieser *Cursor*-Technik – bestimmte, den unterschiedlichen Parametern entsprechende Dufttypen begünstigen oder benachteiligen, gehen sie Kompromisse ein. Diese Technik hat den Parfumeur vom Urteil seiner eigenen Wahrnehmung und dadurch auch von einer kreativen Vorgehensweise entfernt. Sie hat neue Geruchskonventionen und einen neuen Konformismus verankert. Die Qualität der Parfums hat sich trotzdem nach meiner Einschätzung insgesamt verbessert. Unter technischen Gesichtspunkten betrachtet, weisen sie eine schöne Duftwolke und Beständigkeit auf und verteilen sich gut im Raum, Anforderungen, die eine monatelange Arbeit verlangen. Es sind Parfums mit hohen Ansprüchen.

Das Paradoxe an dieser Qualität ist die Wiedererkennbarkeit, die keine Überraschungen hervorruft. Ihre Akzeptanz liegt in der Unmittelbarkeit und Assimilation. Fast immer wird das Gute auf der Grundlage von Allgemeinplätzen, «Déjà-vus» und Stereotypen ausgearbeitet. Im Übrigen erzeugt dieser durch einen Wettlauf nach dem Neuen und dem Erfolg gekennzeichnete Ansatz eine ständige Neuauflage der Parfums, die eine wachsende Ernüchterung der Verbraucher zur Folge hat.

Man wird sich dieses Missstandes immer mehr bewusst, indem man andere Vorgehensweisen, sich dem Parfummarkt und vor allem den Kunden zu nähern, beobachtet.  Die Nischenparfumeure sind die Wegbereiter dieses Wandels. Darunter wären unter anderem Annick Goutal, l'Arti-

san Parfumeur, Comme des Garçons, Diptyque, Frédéric Malle oder The Different Company zu nennen. Das Aushängeschild «Nischenparfumeur» scheint mir jedoch zu restriktiv zu sein. Während die Kriterien und Werte, die ein Verständnis ihres Geschäftskonzeptes erlauben, ein Ganzes bilden, werden die Parfumeure damit einzig und allein auf ihr Vertriebssystem reduziert, das hier hauptsächlich aus ihren eigenen Fachgeschäften besteht.

II. DAS NISCHENMARKETING

Die Nischenparfumeure verwenden keine oder nur wenige Werbeträger und stellen das Produkt in den Vordergrund: das Parfum. Es soll für sich selbst sprechen und eine starke Aufmerksamkeit beanspruchen – eine olfaktorische Stellungnahme. Mit großer Sorgfalt wird der Name gewählt. Als erstes Element der Kommunikation versucht der Name nicht auf Anhieb verständlich zu sein, er soll Neugier wecken. Bei den Verkaufsstellen handelt es sich zumeist um Fachgeschäfte, also vergleichsweise «geschlossene» Orte, in denen die Kunden von einem aufmerksamen, ausgebildeten Personal empfangen werden, das die Welt der Parfums und die Geschichte jeder angebotenen Komposition genau kennt.

Ein «Nischen»-Parfum unterscheidet sich nicht nur durch den Vertrieb von den anderen auf dem Markt befindlichen Parfums, sondern auch durch die Art und Weise, seine Andersartigkeit zu zeigen. Um die Besonderheit unter Beweis zu stellen, bedarf es zunächst einer professionellen Beurteilung. Obgleich die Kommentare und Kritiken zumeist von den Fachjournalisten der Schönheitsseiten der Modejournale stammen, sind die Fachleute für Parfumprodukte – Marketingleute, Parfumschöpfer, Parfumkritiker – die Ersten, die sich über sie informieren, sie riechen und bewerten, sich untereinander austauschen und sie als Bezugsgröße verwenden. Aufgrund der begrenzten Verbreitung dieser vergleichsweise schwer zugänglichen Produkte verlassen sich die Verbraucher auf das Urteil der Trendzeitschriften und des für Präsentation und Verkauf ausgebildeten Personals. Im Übrigen sind sie auch deshalb unvergleichbar, weil sie an wenigen Verkaufsstellen, insbesondere dem Fachgeschäft, und nicht gemeinsam mit Parfums anderer Marken angeboten werden.

Für einen Nischenparfumeur ist es entscheidend, auf die Zufriedenheit seiner Kundinnen und Kunden zu achten und dafür zu sorgen, dass sich eine Vertrauensbeziehung herausbildet – denn die Mundpropaganda wird erheblich zu seiner Reputation und zur Verbreitung seiner Produkte beitragen.

Der Ansatz der Parfumschöpfer ist einzig und allein geruchsbezogen. Für die Kundenzielgruppe gibt es keine vorangepassten Produkte, keine Markttests, keine bebilderten und in der Werbung illustrierten Mythen. Es handelt sich ausschließlich um einzigartige Parfums, um Erfindungen des Geistes, die vor allem den Geruchssinn ansprechen.

III. DAS MARKETING DER ZUKUNFT

Die Kunden werden heutzutage ausschließlich als Verbraucher behandelt: Sie werden von Produkten überschwemmt und können die sich ähnelnden Werbespots, bei denen häufig noch dasselbe Model, das verschiedenen Marken sein Gesicht leiht, zu erkennen ist, nicht mehr sehen. Sie finden

nicht die Befriedigung, die sie suchen, weshalb sie sich anderen Produkten, anderen Traumhorizonten zuwenden. Um die Kunden zurückzuerobern, kann das Markenmarketing diesem Problem durch eine «fleischgewordene» Welt des Parfums begegnen.

Die Voraussetzung für diesen Ansatz besteht darin, den Stil einer Marke zu verstehen. Es geht nicht darum, den Stil in Vergleichen auszudrücken, sondern darum, eine eigene Identität zu finden und zu bestimmen. Man sollte eine klare Vision erarbeiten und dafür auch Verpflichtungen übernehmen und sie erfüllen.

Die Aufgabe eines solchen Marketings besteht darin, die Zukunft der Marke zu erfinden, sich zu überlegen, was sie den Kunden bringen kann. Auch wenn eine Markenstudie auf 200 Seiten eine Momentaufnahme der Kundenwünsche geben kann, so ist sie doch nicht in der Lage, *das* Rezept für dieses Vorhaben zu liefern. Die Antwort befindet sich vielmehr in den Firmen selbst, in den zahlreichen Persönlichkeiten – Künstlern, Designern, Dekorateuren –, die für sie arbeiten und schöpferisch tätig sind. Und dies sollte geschehen, selbst wenn sie Produkte schaffen, die im Randbereich der Marke liegen. Denen zuzuhören, die bereits für die Marke arbeiten, ist schon ein erster Schritt auf dem Weg der Identitätsfindung.

Die Aufgabe eines so gestalteten Marketings besteht darin, die Vorgehensweise und die Fortschritte des Projektes nicht nur mit den zukünftigen Akteuren des Erfolgs (Handel und Vertrieb), sondern auch mit der Gesamtheit des Personals zu teilen. Das Parfum, das Produkt befindet sich im Herzen dieses gemeinschaftlichen Abenteuers. Es ist kein bloßes Element in einem Großen und Ganzen, sondern der wichtigste Gegenstand überhaupt. Bei diesem Ansatz ist weder für Markttests noch für Briefings in ihrer üblichen Form Platz. Letztere setzen sich traditionellerweise aus der Geschichte der Marke, ihrer Positionierung gegenüber der Konkurrenz und ihrer Wahrnehmung durch die Verbraucher zusammen, aus einem Konzept, Bildern einer Frau oder eines Mannes, einem Preis für das Parfumkonzentrat und einer Frist für das Einreichen von Vorschlägen.

Jenseits der Firmen, die über einen eigenen Parfumeur verfügen, geht es für das Markenmarketing darum, zwei oder drei Parfumschöpfer auszuwählen – ich wage zu sagen, einen einzigen – und diesem/diesen das jeweilige Projekt vertrauensvoll zu übergeben. Bei der Kreation eines Parfums ist Wettbewerb fehl am Platz. Es geht nicht darum, es besser zu machen, sondern darum, einzigartig zu sein! Für die Projektverantwortlichen geht es nicht darum, die Schöpfung zu steuern, sondern einem Parfumschöpfer das Gefühl freier Entfaltungsmöglichkeit zu geben. Da die letzte Entscheidung von einem sehr kleinen Gremium abhängt, gibt es bei diesem Ansatz keine Machtübertragung.

Im Rahmen des Projekts gibt es, wie der Name schon sagt, eine Projektion dessen, was das Marketing erreichen möchte, was manchmal durch Collagen und Fotos veranschaulicht werden kann. Diese Bilder dienen als Hilfe, als Schnittstelle, um das Konzept zu illustrieren. Allerdings und obgleich sie Informationen beinhalten, sind Worte den Bildern vorzuziehen, weil sie mehr Überlegung und eine Strukturierung bzw. Hierarchisierung des Denkens erfordern. Das Parfum wird im Prozess des Austausches und des Teilens aufgebaut. Um Max Poty zu zitieren: «Was du mir erzählst, wird niemals völlig mit dem übereinstimmen, was ich verstehe, und umgekehrt, aber ausgehend von einigen bedeutsamen Bezugspunkten, können wir gemeinsam eine

Art Kompromiss schließen: den eines gegenseitigen, zwar nur annähernden, aber einleuchtenden Verstehens.»[1] Dieses gegenseitige Verständnis belebt den suggestiven Austausch, aus dem Wünsche entstehen.

Der Parfumschöpfer muss den Ausdruck einer Sehnsucht kreieren; denn aufgrund unserer Sehnsüchte finden wir Gegenstände schön und anziehend.

Konkreter ausgedrückt: Wir hatten alle Pläne und Sehnsüchte – Pläne ohne Sehnsucht und Sehnsüchte ohne Plan. Der Plan für ein Haus enthält die Anzahl der Zimmer, die Bestimmung der Räume, die Anzahl der Steckdosen. Die Sehnsucht betrifft den Ort, den Rahmen, die Farben, die Texturen, die Gerüche, im Grunde das Bild von einem selbst.

Da das Konzept eine abstrakte und allgemeine Vorstellung ist, die es auszufüllen gilt, komponiert es der Parfumeur. Er kreiert das gedankliche Konzept und kombiniert konkrete Riechstoffe, um das neue Parfum hervorzubringen.

Während dieses geistigen Entwicklungsprozesses erwartet der Parfumschöpfer vom Marketing einen kritischen, intelligenten, aktiven und wohlwollenden Blick. Im Bewusstsein der dadurch übertragenen Verantwortung vertraut er sich keinem äußeren Urteil an, dem er nur durch das Ausfüllen des Projektrahmens entsprechen würde. Er exponiert sich und bringt sich wiederum ins Gleichgewicht. Später wird er auf die durch seine Kreation ausgelösten Reaktionen und Kommentare achten. Das «ich mag es» oder «ich mag es nicht» hat keine Bedeutung. Der Parfumschöpfer ist vor allem bestrebt auszuloten, wo genau die Grenzen der Ablehnung sind.

Der Erfolg eines Parfums erwächst aus einem unsicheren, schwebenden Gleichgewicht, aus einer Intuition, die Regeln einhält und sie auch verletzt.

DIE KRAFTVOLLEN DÜFTE DER HERMESSENCE-
KOLLEKTION

Um als anders zu gelten, darf das Parfum nicht nur sein Anderssein proklamieren, sondern es muss es auch durch seine Qualität belegen. Zu diesen Eigenschaften zählen die Seltenheit des Duftes und die olfaktorische Innovation. An dieser Stelle spielt die Phantasie eine Rolle, denn die Wiederholung, die Banalität eines Parfums rührt nicht vom Konzept her, sondern von der Art und Weise, wie es umgesetzt wird. Die Parfumschöpfer wiederholen sich nicht, weil sie die gleichen natürlichen Duftstoffe oder vielmehr die gleichen synthetischen Produkte verwenden. Es ist die Art und Weise der Zusammenstellung, die den Unterschied

macht. Heute bestehen 80 % aller Parfumformulierungen aus 60 Rohstoffen.

Nur eine Kreation sorgt für Erregung, bietet das Unerwartete und ruft beim Kunden Fragen hervor, erzeugt eine Umstellung seiner Gewohnheiten. Sie erweitert seine Wahrnehmung. Ich wage zu glauben, dass Markentreue dadurch erreicht wird.

Natürlich bin ich in der Lage, auf klassische, barocke, narrative, skulpturale, abstrakte, minimalistische, usw. Weise Parfums herzustellen. Vor allem aber fordere ich für alle Parfums die Form, die Distinktion, die Phantasie, die Großzügigkeit, die Sinnlichkeit und die Überraschung, damit das Parfum sich nicht einfach auf ein Produkt, einen Gegenstand, eine Ware reduziert.

IV. AN DIE MARKETINGLEUTE

Lassen Sie uns eine gemeinsame Überlegung anstellen: Haben Sie die Anzahl der Parfums wahrgenommen, die sich auf der Straße, im Kino, im Theater begegnen? Ich rieche «L'Air du Temps», «First», «N°5», «Eau Sauvage», «Shalimar», «Opium», «Terre d'Hermès», «Angel», «Eau des Merveilles», und ich spaziere durch die Jahre 1947, 1976, 1921, 1966, 1925, 1977, 2006, 1992, 2004. Das Parfum hat etwas, was die Mode nicht hat, und etwas, was die Werbung nicht kann: Es wird durch die Zeit getragen. Außer den Kunstwerken kenne ich nicht viele Produkte, die «außerhalb der Zeit» leben. Um dies zu erreichen, möchte ich den Marketingleuten sagen: «Seid Pioniere! Zieht das Emotionale dem Aufsehenerregenden vor. Verlasst Euren Pfad, Eure Codes und Eure gewohnten Formulierungen.» Die Zusammensetzung eines Parfums, das

Rezept, die Zutaten, konnten noch nie die Emotion erklären oder übersetzen, die ein Kunde beim Geruch eines Parfums hat. Teilt Eure Leidenschaften, Eure Sehnsüchte. Sicher wird dies mehr Zeit kosten, weil wir ein gemeinsames Vokabular werden schaffen müssen, um uns zu verstehen.

Es wird schwieriger sein, weil wir einen Teil von uns preisgeben werden. Das Ergebnis aber wird erneuernd und erhebend sein, denn das Parfum ist nicht bloß ein Produkt, das unmittelbare Emotionen vermittelt, sondern es schafft Verbindung. Eine nonverbale, weil olfaktorische Verbindung, die die Begegnung begünstigt, die Akzeptanz des anderen erleichtert und manchmal vom bloß Nützlichen ablenkt.

KAPITEL IX

DIE MARKTEINFÜHRUNG

I. DIE HERSTELLUNG DER PARFUMKONZENTRATE

Ausgenommen die Häuser Chanel, Hermès, Caron, Dior und Patou, die einen eigenen Parfumeur beschäftigen und die Kreation, Herstellung und Produktion ihrer Parfums selbst übernehmen, wird die Herstellung der Parfumkonzentrate von der Aromenindustrie (siehe Kapitel X) sichergestellt.

Die Erzeugnisse natürlichen Ursprungs werden, je nach Ernte, häufig am Produktionsort selbst eingekauft; die synthetischen Erzeugnisse werden, soweit das Parfum produzierende Unternehmen sie nicht selbst herstellt, nach Bedarf beschafft. Alle Einkäufe sind zahlreichen Kontrollen unterworfen.

Die Herstellung des Parfumkonzentrats erfolgt, entsprechend der durch den Parfumeur erstellten Formulierung, durch einen Roboter. Dieser ist in der Lage, in sehr kurzer Zeit und mit einer Genauigkeit im Milligrammbereich, zwischen einigen Gramm und mehreren Tonnen die Erzeugnisse abzuwiegen. Das Parfumkonzentrat wird nach Abschluss dieses Arbeitsschrittes an die Firmen geliefert, damit diese das Parfum herstellen und es auf den Markt bringen können.

II. HERSTELLUNG UND PRODUKTION
DER PARFUMS

Die Vermarktung setzt die Festlegung eines Protokolls voraus. Dieses Dokument, das sowohl von der Leitung des Parfumunternehmens als auch von der Marketing-, Finanz- und der technischen Abteilung zu bestätigen ist, enthält, bis in die kleinsten Einzelheiten, alle Informationen, die die Erstellung des Produktes betreffen, und die dazugehörigen Kosten.

Die Herstellungsbedingungen, unter denen die verschiedenen technischen Arbeitsschritte vollzogen werden, sind Gegenstand bestimmter, genau beschriebener Verfahrensabläufe, die man als Gute Herstellungspraxis (oder engl. «GMP» für «Good Manufacturing Practice») bezeichnet. Sie entsprechen zwangsläufig den Verfahrensvorschriften des Unternehmens. Diese GMP sehen vor, dass die Herstellung, die Kontrollen und das Endprodukt einer logischen, klar bestimmten, reproduzierbaren Abfolge gemäß umgesetzt werden, damit die Produktqualität garantiert werden kann. Die erste Phase beinhaltet die Überprüfung der Genehmigungen für alle Komponenten des Endproduktes (Flakons, Zerstäuber, Etiketten, Alkohol, Wasser, Parfumkonzentrat, usw.). Die Kontrollvorgänge werden, in Übereinstimmung mit den durch die Qualitätskontrolle erstellten Vorschriften, am Herstellungsstandort durchgeführt.

Die Verwaltung aller verwendeten Bestandteile geschieht mithilfe von Computerprogrammen.

In der zweiten Phase wird das Parfum hergestellt (Eau de Toilette, Eau de Parfum, Extrait Parfum, usw.). Innerhalb dieses Arbeitsschrittes wird zunächst eine kleine

Menge produziert, der sogenannte Pilot, damit der operative Modus überprüft und im Bedarfsfall genauer bestimmt werden kann: verwendetes Material, Temperaturbedingungen der Mischung, Reifungs- und Mazerationszeit, Abkühlungs- und Filtrationsbedingungen.

Nachdem man das Parfumkonzentrat einige Tage hat reifen lassen, sodass sich die Mischung aus natürlichen und synthetischen Riechstoffen harmonisiert, wird mit der Herstellung begonnen. Zur Stabilisierung des Parfums wird das Parfumkonzentrat in Alkohol gelöst, mit dem es zwischen einer Woche und einem Monat weiter mazeriert. Das Mazerat ist das Ergebnis verschiedener physikalischer und chemischer Reaktionen zwischen den Bestandteilen des Parfums und dem Ethanol. Nach Ablauf dieser Zeit wird die alkoholische Lösung gekühlt, gefiltert, anschließend in Behältern aus nichtrostendem Stahl gelagert und, zur Vermeidung jeglicher Oxydation, unter Stickstoff gesetzt.

Nach Abschluss der Herstellung wird eine Probe entnommen und dem Kontrolllabor zugesandt, das mit der Genehmigung der Charge betraut ist. Diese Kontrolle wird in der Akte schriftlich festgehalten. Im Verlauf des Abfüllvorgangs erhält jeder Flakon einen Herstellungscode. Dieser Code gibt die Chargennummer, den Monat und das Herstellungsjahr an, sodass eine Nachverfolgung möglich ist.

Alle diese Vorgänge werden elektronisch erfasst, und für jedes hergestellte Parfum wird eine Akte angelegt, die je nach Unternehmen zwischen drei und fünf Jahren archiviert bleibt. Sobald die Herstellungscharge aufgenommen ist, beginnt der Abfüllvorgang der einzelnen Einheiten. Auch während dieses gesamten Vorgangs ist der Fertigungsablauf Gegenstand von Kontrollen. Diese Begutach-

tungen betreffen das Aussehen des Flakons, des Verschlusses, der Verpackung sowie des fertigen Endprodukts.

III. DIE SICHERHEITSVORSCHRIFTEN

Die Vermarktung von Parfumerie- und Kosmetikprodukten untersteht zahlreichen Sicherheitsvorschriften.

Unter historischen Gesichtspunkten waren es die amerikanischen Unternehmen, die in den 1960er-Jahren das «Research Institute for Fragrance Materials» (RIFM) gegründet haben. Die Aufgabe dieses Instituts besteht darin, die Bedingungen zu erforschen, unter denen die Rohstoffe ohne unerwünschte Nebenwirkungen verwendet werden können. Es werden Tests mit Konzentrationen durchgeführt, die eine im Hinblick auf das Auftreten dieser unerwünschten Nebenwirkungen um den Faktor zehn oder höher angesiedelte Sicherheitsschwelle gewährleisten. Im Rahmen der Selbstregulierung hat sich die Parfumindustrie 1973 mit einer eigenen Einrichtung ausgestattet: der IFRA oder International Fragrance Association. Sie ist verantwortlich dafür, die durch das RIFM zur Verfügung gestellten Daten auszuwerten, um die Verwendung der Zutaten sowie die Erstellung von Richtlinien der Guten Herstellungspraxis selbst zu regulieren. Diese Informationen sind im Internet unter folgender Adresse zugänglich: www.ifraorg.org.

Die Parfumunternehmen sind seitdem gesetzlich dazu verpflichtet, diese Empfehlungen zu befolgen. Zu jedem Rohstoff gehört ein IFRA-Zertifikat, und seit 1991 kommt für jede Lieferung eines Parfumerzeugnisses ein Sicherheitsdatenblatt (SDB oder MSDS bzw. «Material Safety Data Sheets») hinzu, das gemäß der europäischen Richtlinie 91/155/EWG die folgenden 16 Punkte umfasst:

1. Bezeichnung des Stoffs bzw. des Gemischs und des Unternehmens
2. Mögliche Gefahren
3. Zusammensetzung/Angaben zu Bestandteilen
4. Erste-Hilfe-Maßnahmen
5. Maßnahmen zur Brandbekämpfung
6. Maßnahmen bei unbeabsichtigter Freisetzung
7. Handhabung und Lagerung
8. Begrenzung und Überwachung der Exposition/ Persönliche Schutzausrüstungen
9. Physikalische und chemische Eigenschaften
10. Stabilität und Reaktivität
11. Toxikologische Angaben
12. Umweltbezogene Angaben
13. Hinweise zur Entsorgung
14. Angaben zum Transport
15. Rechtsvorschriften
16. Sonstige Angaben.

Das SDB wird durch eine Aufstellung der möglichen Allergene ergänzt (wobei bis heute 26 Allergene definiert sind).

Mit Bezug auf Parfums ist in Deutschland 1977 eine Kosmetikverordnung in Kraft getreten, nachdem bereits im Jahr davor eine einheitliche europäische Gesetzgebung, die Kosmetikrichtlinie, rechtswirksam wurde. Diese Richtlinie sieht sowohl für die Hersteller als auch für die Mitgliedstaaten Verpflichtungen vor und wird regelmäßig aktualisiert.

IV. DIE ERZEUGNISSE

«Eau de Cologne», «Eau de Toilette», «Eau de Parfum», «Extrait Parfum» sind Fachausdrücke, die nicht einfach nur Parfumkonzentrationen, sondern vielmehr unterschiedliche Ausdrucksformen bezeichnen.

Das Eau de Cologne, dessen Name der Stadt Köln entlehnt ist, in der dieses Produkt seinen Ursprung hat, war ein Erzeugnis, das für die Körperhygiene verwendet wurde, aber auch als Allheilmittel gegen körperliches Unwohlsein getrunken werden konnte. Seit dem 20. Jahrhundert wird es mit einer Vorstellung von Behaglichkeit und Hygiene assoziiert und häufig an die Ausübung einer sportlichen Disziplin geknüpft.

Das Eau de Toilette nimmt unter den Damenprodukten eine Art epikureische Rolle ein und verbreitet eine subtile Duftwolke, die aber anhält. Das Eau de Parfum enthüllt dagegen eine opulente Duftwolke und sorgt für eine starke Anhaftung. Das Extrait Parfum ist die intensivste und dauerhafteste Form des Parfums.

Bei den Herrenprodukten stellen die Eaux de Toilette einen viel wichtigeren Marktanteil als die Aftershaves dar, und obgleich konzentrierte Eaux de Toilette bzw. Eaux de Parfums verfügbar sind, kommt das Extrait Parfum nur selten vor.

V. DIE VERDÜNNUNGSKLASSEN

Auch wenn die Globalisierung den Geschmack vereinheitlicht, bestimmt die Parfumkonzentration weiterhin die Produktauswahl. Vereinfacht ausgedrückt, verhält es sich so, dass in Asien – insbesondere in Japan – Parfums mit geringen Konzentrationen bevorzugt werden, um den Geruch der Haut nicht zu überdecken. Die Amerikaner wählen hohe Konzentrationen, die die Haut schmücken. Während Nordeuropa dem amerikanischen Geschmack nahesteht, verbindet Südeuropa mit dem Parfum in mäßiger Konzentration eine ästhetisierende Funktion.

Außerdem variieren die Konzentrationen je nach Herstellungsursprung der Produkte sowie gemäß der Traditionen und Konsumgewohnheiten.

Das Eau de Cologne enthält zwischen 2 und 4 % Parfumkonzentrat. Dabei ist anzumerken, dass die Bezeichnung «Cologne» in den Vereinigten Staaten äquivalent zu der Benennung «Eau de Toilette» in Europa ist.

Das Eau de Toilette enthält zwischen 5 und 20 % Parfumkonzentrat, das Eau de Parfum zwischen 10 und 20 %, das Extrait Parfum zwischen 15 und 35 %.

KAPITEL X

DIE AKTEURE AUF DEM WELTMARKT

I. DIE AROMENINDUSTRIE

Die Aromenindustrie setzt sich aus Herstellern synthetischer und natürlicher Rohstoffe sowie von Konzentraten, Parfums und Aromen zusammen. Das Weltmarktvolumen für Parfums und Aromen wird 2010 auf etwa 16,3 Milliarden Euro geschätzt. Fünf Unternehmensgruppen teilen sich 62 % des Weltmarktes.

Givaudan. – Schweizer Unternehmen mit Sitz in Vernier, im Kanton Genf, gegründet 1895. Givaudan ist Weltmarktführer mit einem Marktanteil von 21 %. Nach der Übernahme von Quest 2007, der niederländischen Tochtergesellschaft vom britischen Duffthersteller Imperial Chemical Industries (ICI), konnte Givaudan seine führende Position ausbauen, sodass sein Jahresumsatz 2010 insgesamt etwa 4,2 Milliarden CHF beträgt. Dieser verteilt sich zu 54 % auf die Aromen und zu 46 % auf den Parfumbereich.
www.givaudan.com

Firmenich. – Schweizer Unternehmen. Der Firmensitz dieses 1895 in Genf gegründeten Familienunternehmens befindet sich weiterhin dort. Mit 13 % Marktanteil ist es weltweit die Nummer zwei und im Bereich der Feinparfumerie führend. 2009/10 beträgt sein Gesamtumsatz 2,9 Milliarden CHF, das sich auf Parfums, Aromen und Zutaten verteilt.
www.firmenich.com

IFF (International Flavors & Fragrances Inc.). – Amerikanisches Unternehmen mit Sitz in New York, gegründet 1958. Es ist mit 12 % Marktanteil der drittgrößte Hersteller für Duft- und Aromastoffe. 2010 beträgt sein Gesamtumsatz 2,6 Milliarden Dollar, zu 56 % auf die Parfums und Zutaten sowie zu 44 % auf die Aromen verteilt.

www.iff.com

Symrise. – Deutsches Unternehmen mit Sitz in Holzminden, gegründet 2003. Es hält 10 % Marktanteil und liegt somit auf dem vierten Platz in der Branche. Sein Umsatz beträgt 2011 insgesamt 1,6 Milliarden Euro, die sich zu 53 % auf Parfums und zu 47 % auf Aromen verteilen.

www.symrise.com

Takasago. – Japanisches Unternehmen mit Sitz in Tokio. Das 1920 gegründete Unternehmen Takasago hält 6 % Marktanteil. Sein Gesamtumsatz beträgt 2011 etwa 1,2 Milliarden Euro, die sich zu 57 % auf Aromen, zu 21 % auf Parfums und zu 22 % auf die Feinchemie verteilen.

www.takasago.com

Neben diesen Marktführern sind zahlreiche Unternehmen aus Grasse in dem Sektor tätig, wobei ihre Besonderheit darin besteht, ursprünglich Hersteller von natürlichen Rohstoffen zu sein.

II. DIE UNTERNEHMEN AUS GRASSE

Es handelt sich zumeist um Familienunternehmen, die im 18. Jahrhundert in der Region Grasse gegründet wurden. Sie haben sich weiterentwickelt und dem gesellschaftlichen

Wandel sowie der technischen und rechtlichen Entwicklung angepasst. Während zahlreiche Erzeugnisse in Grasse extrahiert werden, stammen andere von den Produktionsstandorten. Aus China, Nordafrika, Indonesien und den Vereinigten Staaten importiert, werden sie weiterverarbeitet und den Bedürfnissen der Parfumschöpfer angeglichen. Für die Parfumindustrie bleibt Grasse aufgrund seines einzigartigen Könnens ein unverzichtbarer Ort.

2007 erreichten die dortigen Unternehmen einen Jahresumsatz von 650 Millionen Euro, darunter 70 % im Export. In der Region Grasse stehen 3500 Arbeitnehmer in Beschäftigungsverhältnissen, die direkt mit der Parfumindustrie verbunden sind.

Einige Unternehmen aus Grasse

Mane. – Das Unternehmen mit Sitz in Bar-sur-Loup, in der Umgebung von Grasse, stellt Parfumkompositionen und Aromen her und ist auf die Produktion natürlicher Rohstoffe spezialisiert. 2010 beträgt sein Jahresumsatz 480 Millionen Euro, die sich zu 43 % auf Parfums, 43 % auf Aromen und 14 % auf Rohstoffe verteilen.

www.mane.com

Robertet. – Das 1850 gegründete Unternehmen stellt Parfumkompositionen und Aromen her und ist auf die Produktion natürlicher Rohstoffe spezialisiert. 2011 beträgt der Jahresumsatz der Unternehmensgruppe 373 Millionen Euro, wobei das Unternehmen Charabot mit eingerechnet ist. Sie verteilt sich zu 45 % auf die Aromen, 35 % auf die Parfumwaren und 20 % auf Rohstoffe.

www.robertet.com

143

LMR (Laboratoire Monique Rémy). – Das 1983 gegründete Unternehmen ist seit 2000 eine Filiale des amerikanischen Unternehmens IFF. Einziger Tätigkeitsbereich ist die Herstellung natürlicher Rohstoffe. 2007 beträgt der Jahresumsatz 14,4 Millionen Euro.

Payan Bertrand. – Der Haupttätigkeitsbereich dieses 1854 gegründeten Unternehmens ist die Herstellung natürlicher Rohstoffe für die Parfum- und Aromenindustrie. 2010 beträgt der Jahresumsatz 17,8 Millionen Euro.
     www.payanbertrand.com

III. DIE PARFUM- UND KOSMETIKINDUSTRIE

Die Parfum- und Kosmetikindustrie umfasst Hersteller für Parfums, Pflege-, Schönheits- sowie Schmink- und Hygieneprodukte. International gesehen sind die Parfum- und Kosmetikmarken vor allem amerikanischer und französischer Provenienz. Die japanischen Marken sind vornehmlich auf den Kosmetikbereich spezialisiert. Das Weltmarktvolumen insgesamt wird für das Jahr 2007 auf 132 Milliarden Euro geschätzt.

Die Kosmetik- und Parfumindustrie ist ein wichtiger Akteur der Wirtschaft. Die Franzosen geben durchschnittlich 205 Euro pro Jahr und pro Kopf für Produkte in diesem Bereich aus, die Deutschen 2010 157 Euro pro Jahr und pro Kopf und liegen damit im europäischen Mittelfeld. 2007 beläuft sich der Verkauf von Parfums weltweit auf ein Volumen von 16,3 Milliarden Euro, von denen 6,9 Milliarden auf den französischen Markt entfallen, auf den deutschen etwas über 1 Milliarde. Die Parfum- und Kosmetikindustrie nimmt mit einem Handelsüberschuss von 7,5 Milliarden Euro 2007 den vierten Platz auf der Rangliste der französischen Wirtschaftsexporteure ein. Während L'Oréal den Weltmarkt im Kosmetikbereich anführt, ist das amerikanische Unternehmen Coty Weltmarktführer für Parfums.

Unter den bedeutenden Unternehmen seien hier Folgende genannt:

LVMH. – Die Unternehmensgruppe Louis Vuitton Moët Hennessy präsentiert sich als Vermittler der raffiniertesten Form westlicher Lebenskunst. Sie lässt sich wie folgt beschreiben: «Durch unsere Produkte, die Verbindung von Tradition und Modernität sowie die Kultur, für die sie stehen, wollen wir das Leben durch Träume bereichern.»

LVMH kreiert und vertreibt zahlreiche Parfum- und Kosmetikmarken, darunter Christian Dior, Givenchy, Guerlain, Kenzo Parfums, Loewe und Acqua di Parma.

2011 beträgt der Umsatz für Parfums und Kosmetika 2,8 Milliarden Euro.

www.lvmh.fr

Chanel. – Mit einer bemerkenswerten, über die Jahre währenden Beständigkeit verkörpert die Chanel-Unternehmensgruppe eine bestimmte Vorstellung von Luxus, von Qualität und Stil «à la française», die sich in den Bereichen Haute Couture, Prêt-à-porter, Juwelierkunst, Accessoires, Parfums und Kosmetika widerspiegelt. Der Umsatz wird auf 2,5 Milliarden Euro geschätzt, wobei der größte Teil durch Parfums und Kosmetika erwirtschaftet werden soll.

www.chanel.fr

145

Hermès. – Dieses Haus, das den Gipfel des französischen Luxus darstellt, versteht sich nicht als Modehaus, sondern als Haus von schönen Dingen, vertreten durch unterschiedliche Abteilungen und Gewerbe, die zuständig sind für Seiden- und Lederwaren, Damen- und Herrenmode, Schuhe, Juwelierkunst und Tischdekoration. Es erinnert gerne daran, dass es «Produkte schafft, die für die Dauer bestimmt sind». 2011 beträgt der Jahresumsatz der Firma 2,8 Milliarden Euro, davon entfallen 7 % auf Parfums.

www.hermes.fr

L'Oréal. – Dieser Weltmarktführer der Kosmetikindustrie hat kontinuierlich in die Forschung investiert, um die Qualität, Sicherheit und Erneuerung seiner Produkte zu gewährleisten. Heute positioniert sich die Unternehmensgruppe damit, «auf der ganzen Welt im Dienste der Schönheit von Frauen und Männern zu stehen, und so täglich zu ihrem Wohlbefinden beizutragen».

Die Unternehmensgruppe kreiert und vertreibt zahlreiche Parfum- und Kosmetikmarken, darunter Giorgio Armani, Cacharel, Lancôme, Ralph Lauren, Viktor & Rolf, Guy Laroche, Paloma Picasso, Diesel.

L'Oréal ist in 130 Ländern vertreten. Die Unternehmensgruppe erzielt 2010 einen Umsatz von 19,5 Milliarden Euro, von denen (geschätzt) 10 % auf die Parfumeriewaren entfallen. L'Oréal kaufte 2008 YSL Beauté und Roger & Gallet sowie die Lizenzen von Boucheron, Stella McCartney, Oscar de la Renta und Ermenegildo Zegna auf.

www.loreal.fr

Coty, Inc. – Der amerikanische Konzern mit Sitz in New York ist Weltmarktführer im Bereich Parfumeriewaren. Die Vision des ursprünglich französischen Unternehmens leitet sich davon ab, dass François Coty schon früh das gewaltige Marktpotenzial für Parfums erkannt hat (siehe Seite 18) – vorausgesetzt, man popularisiere sie, ohne die Vorstellung von Luxus einzubüßen. Die Unternehmensgruppe erzielte 2010 einen Jahresumsatz von knapp 4 Milliarden Dollar. Die Unternehmensgruppe Coty ist in zwei Bereiche untergliedert:

Coty Prestige, der Parfums und Kosmetika folgender Marken kreiert und vertreibt: Baby Phat, Calvin Klein, Cerruti, Chloé, Chopard, Davidoff, Jil Sander, JOOP!, Kate Moss, Kenneth Cole, Lancaster, Marc Jacobs, Nautica, Nikos, Sarah Jessica Parker, Vera Wang, Vivienne Westwood;

The Coty Beauty, der Parfums und Kosmetika der folgenden Marken kreiert und vertreibt: Adidas, Astor, Céline Dion, Chupa Chups, David and Victoria Beckham, Esprit, ex'cla.ma'tion, Jovan, Karl Lagerfeld, Kylie Minogue, Miss Sixty, Miss Sporty, Pierre Cardin, Rimmel, Shania Twain, Stetson.

www.coty.com

Estée Lauder. – Das amerikanische Unternehmen Estée Lauder Companies Inc. ist eines der führenden Unternehmen im Bereich der Schönheitsprodukte. Das Credo der Firmengründerin lautet «bringing the best to everyone we touch». Die Unternehmensgruppe kreiert und vertreibt 28 Marken, darunter Estée Lauder, Aramis, Clinique, Kiton, Donna Karan, Michael Kors, Origine, Prescriptives, Tom Ford, Tommy Hilfiger, Jo Malone, Missoni.

2010 beträgt der Jahresumsatz der Unternehmensgruppe 7,8 Milliarden Dollar.

www.elcompanies.com

147

Puig Beauty and Fashion. – Das 1914 von Puig Antonio gegründete spanische Unternehmen wurde 1996 zur Puig Beauty & Fashion Group. Der Parfumbereich besteht aus zwei Abteilungen, eine für Prestige und eine für die Schönheit. Die Unternehmensgruppe ist in 150 Ländern vertreten und vertreibt zahlreiche Marken, darunter Agua Brava, Caroline Herrera, Comme des Garçons, Prada, Nina Ricci, Paco Rabanne, Gal, Myrurgia, Antonio Puig, Heno de Pravia. 2011 beträgt der Umsatz der Unternehmensgruppe 1,3 Milliarden Euro.

www.puig.com

Procter & Gamble. – Der amerikanische Konzern ist sowohl Waschmittel- und Seifen- als auch Kosmetik- und Arzneimittelhersteller. Das Unternehmen ist mit 300 Marken in 180 Ländern vertreten. 2011 beträgt sein Umsatz 82,6 Milliarden Dollar, von denen 27,3 Milliarden auf Schönheitsprodukte entfallen.

Die Unternehmensgruppe kreiert und vertreibt die Parfummarken Baldessarini, Dolce & Gabbana, Dunhill, Hugo Boss, Escada, Giorgio Beverly Hills, Gucci, Jean Patou, Lacoste, Laura Biagiotti, Rochas, Valentino.

www.pg.com

Unter den sonstigen bedeutenden Unternehmen sind auch Unilever zu nennen, ein britisch-niederländischer Konzern, der das Parfum «Brut» von Fabergé kreiert und vertreibt, und die japanische Firma Shiseido, die hauptsächlich Kosmetik im Luxussegment herstellt und die Parfums «Shiseido» und «Serge Lutens» kreiert und vertreibt.

IV. DER VERTRIEB

In Frankreich wird der Vertrieb über vier Händlernetze abgewickelt:

- die Großhandelsketten, die mehr als die Hälfte des Gesamtumsatzes der Parfum- und Kosmetikindustrie erzielen;
- der Fachhandel mit etwa 2000 Verkaufsstellen, die zu zwei Dritteln den drei Firmen Marionnaud, Sephora und Nocibé gehören;
- der Apothekenverkauf, der einen Marktanteil von ca. 10 % hält;
- der Direktverkauf, der hauptsächlich über zwei Marken erfolgt: Yves Rocher und der Club des Créateurs de Beauté. Letzterer gehört zur Unternehmensgruppe L'Oréal und den 3 Suisses. Sie halten einen Marktanteil von 7 %.

Zur Erinnerung: Mehr als 60 % des Umsatzes der Kosmetik- und Parfumindustrie wird im Export erzielt, wobei jedes Land über ein heterogenes Vertriebsnetz verfügt.

KAPITEL XI

DER SCHUTZ VON PARFUMS

Parfums sind, ebenso wie andere Luxusprodukte, in besonderer Weise der Fälschung ausgesetzt und müssen deshalb geschützt werden.

Während der Schutz des Namens, des Flakons und der Verpackung durch das französische Recht hinsichtlich der Marken, der gewerblichen Muster und Modelle ohne Weiteres möglich ist, wirft der Schutz des Parfums größere Probleme auf.

I. DER SCHUTZ DES NAMENS, DES FLAKONS UND DER VERPACKUNG

Der erste Schritt zum Schutz eines Parfums besteht in der Anmeldung des zu seiner Identifikation gewählten Namens als Markenname. Bei dieser Anmeldung handelt es sich insofern um einen komplexen Vorgang, als inzwischen bereits eine große Zahl von Markennamen in der internationalen Klasse 3 (Klasse, die die Parfums einschließt) gemeldet ist und die verschiedenen Firmen anschauliche Namen verwenden möchten.

Der Schutz des Flakons wird durch die Hinterlegung einer Zeichnung oder eines Modells erreicht, das für die Höchstdauer von 25 Jahren (bzw. 5 Jahren, die viermal verlängerbar sind) geschützt werden kann. Ein besonders origineller, charakteristischer Flakon, der im Hinblick auf das Produkt einen hohen Wiedererkennungswert aufweist, kann auch als dreidimensionale Marke angemeldet werden

und so (unter der Voraussetzung einer regelmäßigen Fristverlängerung) einen unbegrenzten Schutz genießen.

Die Verpackung wird zumeist durch die Anmeldung einer Bildmarke geschützt, die die gesamte auf die Verpackung aufgedruckte Zeichnung und insbesondere die für den gewählten Namen verwendete Zierschrift, das Dekor und die Farben umfasst.

Der Schutz dieser verschiedenen Elemente weist folglich keinerlei besondere Schwierigkeiten auf. Auch beim Fehlen einer Anmeldung und/oder Registrierung schützt das Urheberrecht (Theorie von der Kumulation von Schutzrechten) und/oder das Gesetz gegen den unlauteren Wettbewerb.

Dies trifft nicht gleichermaßen auf den Duft zu.

II. DER SCHUTZ DES DUFTES

Das «Geheimnis» der Düfte muss geschützt werden, und deshalb verwahren die Parfumhäuser und/oder die Parfumeure ihre Formulierungen sorgfältig auf, abgeschirmt vor allzu neugierigen Blicken.

Nichtsdestotrotz bemühen sich die Parfumunternehmen seit vielen Jahren darum, bereits im Vorfeld den Schutz des Produkts zu erreichen.

1. Der Schutz des Duftes durch das Patent. – Aus rein rechtlicher Sicht spricht nichts gegen die Eintragung eines Duftes als Patent. Allerdings besteht dafür die Verpflichtung, eine vollständige Formulierung des Parfums zu hinterlegen. Die Abgabe einer Parfumprobe genügt nicht.

In der Praxis erscheint diese Form des Schutzes jedoch

für die Welt des Parfums völlig ungeeignet, da sie die Veröffentlichung der Formulierung (und damit die Enthüllung des Geheimnisses) voraussetzt und eine zu kurze Schutzfrist bietet (20 Jahre, während die Lebensdauer eines Parfums deutlich darüber hinausgehen kann).

2. *Der Schutz des Duftes durch die Marke.* – Obgleich dem Schutz eines Duftes durch das Markenrecht keine ausdrückliche Regelung entgegensteht, stellen die einschlägigen Gesetze Bedingungen, die die Eintragung von Düften behindern. So sind im europäischen Gemeinschaftsrecht, das anfänglich Pionier auf diesem Gebiet war,[1] seit 2002 sehr strenge Schutzkriterien festgelegt: Ein Geruch, auch ein insbesondere als chemische Formulierung auf einem physischen Träger verstofflichter Geruch, fällt nur unter der Bedingung unter den Markenschutz, dass die Formulierung «klar, präzise, für sich selbst vollständig, leicht zugänglich, allgemein verständlich, dauerhaft und objektiv»[2] ist.

153

Das Gesetz verlangt seinerseits, dass die Marke kennzeichnend ist. Dies impliziert, dass sie willkürlich gewählt ist und die betreffenden Produkte oder Dienste nicht beschreibt. Auf diese Weise wurde «der Geruch von frisch geschnittenem Gras» zur Bezeichnung von Tennisbällen als Marke eingetragen. Der Geruch eines Parfums zur Identifizierung des Parfums als solches scheint jedoch nicht in den Genuss eines derartigen Schutzes kommen zu können.

Die Marke kann folglich ein möglicher Ausweg zum Schutz eines Duftes sein, wenn dieser im Rahmen eines Geruchsmarketings verwendet wird (z. B. Stift mit Orangenduft) – nicht jedoch im Parfumbereich.

3. Der Schutz des Duftes durch das Urheberrecht. – Die Werke, die durch das Urheberrecht geschützt werden können, sind als geistige Werke definiert und im französischen Gesetz über das geistige Eigentum in einer nicht erschöpfenden Liste aufgeführt, an deren Ende die Düfte nicht erwähnt sind.[3]

Eine Gemeinsamkeit eint die auf der vorgenannten Liste aufgeführten «Werke»: Sie alle sind der Öffentlichkeit über den Gesichts- oder den Gehörsinn zugänglich. Demgegenüber kommen Tast-, Geschmacks- und Geruchssinn in dieser Aufstellung nicht vor. 1975[4] wurde dennoch geurteilt, dass – obgleich das Gesetz ausschließlich durch den Gesichts- und den Gehörsinn wahrnehmbare Werke nennt – die durch die drei übrigen Sinne wahrnehmbaren Werke keineswegs von vornherein ausgeschlossen werden können, sofern sie Originalität beweisen und «das Gepräge der Persönlichkeit» ihres Urhebers tragen.

Das Parfum wurde folglich durch ein Urteil des Pariser Handelsgerichts vom 24. September 1999 erstmals ausdrücklich in seiner Eigenschaft als geistiges Werk anerkannt: «die Schöpfung eines neuen Parfums ist das Ergebnis eines echten künstlerischen Strebens, (...) deshalb handelt es sich unleugbar um ein Werk des Geistes.»

Seither sind verschiedene Entscheidungen im Hinblick auf den Schutz des Parfums durch das Urheberrecht gefallen, insbesondere ist das am 25. Januar 2006 von der Vierten Kammer des Pariser Berufungsgerichts gefällte Urteil zu nennen, in dem daran erinnert wird, dass der Artikel L. 112-2 des Gesetzes über das geistige Eigentum «eine nicht erschöpfende Liste der in den Geltungsbereich des Urheberrechtes fallenden Werke enthält und die durch den Geruchssinn wahrnehmbaren Werke nicht ausschließt. Die Fixierung des Werkes ist keine notwendige Voraussetzung für den Zugang zum Schutz, da seine Form wahrnehmbar ist; dass ein Duft, dessen olfaktorische Zusammensetzung bestimmbar ist, diese Bedingung erfüllt. Ein Parfum kann folglich ein geistiges Werk darstellen, das im Sinne des Ersten Buches des Gesetzes über das geistige Eigentum Schutz genießt, sobald es sich durch die Enthüllung des kreativen Beitrags seines Urhebers als originell erweist»; also sind «die Düfte das Ergebnis einer ganz neuen Zusammenstellung von Essenzen, und zwar in solchen Mengenanteilen, dass ihre Ausdünstungen, durch die von ihnen abgegebenen endgültigen Geruchsnoten, den kreativen Beitrag des Urhebers vermitteln».

Ein viel beachtetes Urteil des Obersten Gerichtshofs vom 13. Juni 2006 scheint jedoch diesen Ansatz der Rechtsprechung infrage zu stellen: indem behauptet wird, dass «der Duft eines Parfums, der aus der einfachen Umsetzung eines Könnens entsteht, im Sinne der zitierten Texte [Gesetz über den Schutz des geistigen Eigentums, Artikel L. 112-1

155

und L. 112-2] keine Schöpfung einer Ausdrucksform dar-stellt, die wie geistige Werke unter den Schutz des Urhe-berrechts fallen kann».

Diese Entscheidungsgründe scheinen der Ausrichtung zuwiderzulaufen, die die seit 1975 aufeinanderfolgenden richterlichen Grundsatzentscheidungen genommen haben, indem die Duftzusammenstellung auf die einfache Um-setzung eines Könnens reduziert wird.

Es ist noch zu früh, um die Tragweite dieser Ent-scheidung abzusehen, aber es ist festzuhalten, dass diese von der Ersten Zivilkammer[5] des Obersten Gerichtshofs getroffene Entscheidung die Haltung der obersten Richter zu dieser Frage auf unzweideutige Weise festlegt. Allerdings ist auch darauf hinzuweisen, dass jedes Urteil sich auf konkrete Fälle bezieht, die zu einer unterschiedlichen Bewertung führen können.

4. *Der Schutz des Duftes durch das Gesetz gegen den unlauteren Wettbewerb.* – In Anbetracht der aktuellen Rechtslage scheint eine Klage wegen unlauteren Wettbe-werbs zumindest in Frankreich die effektivste Grundlage für den Schutz der Düfte zu bieten.

Im Rahmen mehrerer Entscheidungen wurde nämlich die Herstellung eines Duftes geahndet, der bedeutende Ähnlichkeiten mit dem Duft eines Konkurrenten[6] aufwies – dies auch in Fällen, in denen der Duft weder als hinrei-chend eigenständig noch als «das Gepräge der Persön-lichkeit» seines Urhebers tragend angesehen wurde und deshalb nicht unter den Urheberrechtsschutz[7] fiel.

Die Rechtsprechung wird damit begründet, dass dieses Verhalten den Gepflogenheiten des lauteren Wettbewerbs zuwiderläuft, da es darauf abzielt, sich eine fremde Leistung anzueignen.

In Anbetracht der juristischen Fakten entspricht die Patentanmeldung eines Parfums nicht den notwendigen Anforderungen an seinen Schutz. Das Patent erfordert die Hinterlegung einer Formulierung, die faktisch den Verlust der Geheimhaltung des Parfums mit sich bringt.

Der Schutz durch das Urheberrecht scheint den Schutzbestrebungen besser zu entsprechen, zumal eine Reihe von Analysetechniken zur Verfügung steht, die den Nachweis einer Fälschung erlauben. Durch meine Darstellung meine ich gezeigt zu haben, dass das Parfum sich nicht mit der bloßen Kenntnis einer Technik bzw. mit einem Können zusammenfassen lässt. Aufgrund der glücklichen Unmöglichkeit, ein Kunstwerk zu definieren, ist es erlaubt, ein Parfum als ein «geistiges Werk» anzusehen.

DIE PARFUMS UND IHRE SCHÖPFER

Die wichtigsten der in diesem Buch zitierten Parfums mit ihrem Schöpfungsdatum und den Namen ihrer Urheber:

Air du Temps, Nina Ricci, 1948, Francis Fabron
Amarige, Givenchy, 1991, Dominique Ropion und Jean-Louis Sieuzac
Aramis, Estée Lauder, 1965, Bernard Chant
Anaïs Anaïs, Cacharel, 1978, Roger Pellegrino, Robert Gonnon, Paul Leget und Raymond Chaillan
Angel, Thierry Mugler, 1992, Olivier Cresp
Aqva pour Homme, Bvlgari, 2003, Jacques Cavallier
Aromatics Elixir, Clinique, 1971, Bernard Chant
Arpège, Lanvin, 1927, André Fraysse und Paul Vacher
Bandit, Robert Piguet, 1944, Germaine Cellier
Beautiful, Estée Lauder, 1985, Sophia Grojsman
Calandre, Paco Rabanne, 1969, Michael Hy
Calèche, Hermès, 1961, Guy Robert
Chamade, Guerlain, 1969, Jean-Paul Guerlain
Charlie, Revlon, 1973, Francis Camail
Chypre, Coty, 1917, François Coty
ck One, Calvin Klein, 1994, Alberto Morillas und Harry Frémont
Cool Water, Davidoff, 1988, Pierre Bourdon
Déclaration, Cartier, 1998, Jean-Claude Ellena
Diorissimo, Christian Dior, 1956, Edmond Roudnitska
Eau de Campagne, Sisley, 1974, Jean-Claude Ellena
Eau d'Issey, Issey Miyake, 1992, Jacques Cavallier
Eau d'Hermès, Hermès, 1951, Edmond Roudnitska
Eau des Merveilles, Hermès, 2004, Ralph Schwieger und Nathalie Feisthauer
Eau Parfumée au Thé Vert, Bulgari, 1992, Jean-Claude Ellena
Eau Sauvage, Christian Dior, 1966, Edmond Roudnitska
Eternity for Men, Calvin Klein, 1989, Carlos Benaïm
Femme, Marcel Rochas, 1944, Edmond Roudnitska

159

Shalimar, Guerlain, 1925, Jacques Guerlain
Tabac Blond, Caron, 1919, Ernest Daltroff
Tabu, Dana, 1932, Jean Carles
Terre d'Hermès, Hermès, 2006, Jean-Claude Ellena
Trésor, Lancôme, 1990, Sophia Grojsman
Un Jardin en Méditerranée, Hermès, 2003, Jean-Claude Ellena
Un Jardin sur le Nil, Hermès, 2005, Jean-Claude Ellena
Vent vert, 1947, Pierre Balmain, Germaine Cellier
Vetiver, Guerlain, 1959, Jean-Paul Guerlain
White Linen, Estée Lauder, 1978, Sophia Grojsman
XS pour Homme, Paco Rabanne, 1993, Gérard Anthony und
    Rosendo Mateu
Youth Dew, Estée Lauder, 1953, Joséphine Catapano

ANMERKUNGEN

KAPITEL I
DIE GEBURT DES MODERNEN PARFUMS

1. Elisabeth Barillé, *Coty: parfumeur et visionnaire*. Paris 1995.
2. Edmonde Charles-Roux, *L'Irrégulière ou mon itinéraire Chanel*. Paris 1974.

KAPITEL V
DAS HANDWERK

1. Gottfried Wilhelm Leibniz, *Neue Abhandlungen über den menschlichen Verstand.* (Hrsg. u. Übers.) Wolf von Engelhardt und Hans Heinz Holz. Frankfurt/M. 1996, Vorwort, S. XXIII.
2. Instamatic ist der Systemname für ein 1963 von Kodak eingeführtes Kassettenfilmsystem, ein Kofferwort aus den englischen Begriffen *instant* (dt. sofort) und *automatic*. «Sofort» bezieht sich in dem Zusammenhang auf ein blitzschnelles Filmeinlegen.
3. Blaise Pascal, *Gedanken*. München o. J., S. 69.

KAPITEL VI
DAS PARFUM

1. Dieser Titel – auf Französisch *De certains parfums* – ist dem letzten Text, den Jean Giono 1970 geschrieben hat, entnommen.
2. Die Osmothek, gegründet 1990, ist ein Parfumkonservatorium (36, rue du Parc-de-Clagny, 78000 Versailles).
3. Jean Giono, *In Italien um glücklich zu sein. Ein Reisebuch.* München 1984, S. 80.

KAPITEL VII

VON DER ZEIT

1. «Yohji Yamamoto, mauvais garçon de la mode» («Yohji Yamamoto, der *Bad Boy* der Modewelt»), Interview, veröffentlicht in *Le Monde*, 4. November 2008.
2. Im Original erschienen 1995 unter dem Titel *La raison gourmande*.
3. François Jullien, *Du «temps». Éléments d'une philosophie de vie*. Paris 2001.
4. Jean Giono, «Rondeurs des jours», in: *L'Eau vive*. Bibliothèque de la Pléiade, Bd. 3: Œuvres romanesques complètes. (Hrsg.) Robert Ricatte. Paris 1974, S. 191–195, hier S. 191. Der 1943 bei Gallimard publizierte Text liegt auf Deutsch nicht vor, es gibt zwar eine deutsche Ausgabe unter dem Titel «Lebendige Wasser», die allerdings bereits 1935 erschienen ist und somit zwangsläufig «L'Eau vive» nicht enthalten kann.

KAPITEL VIII

DAS MARKETING

1. Max Poty, *L'illusion de communiquer*. Paris 2004.

KAPITEL XI

DER SCHUTZ VON PARFUMS

1. Zweite Beschwerdekammer des HABM (Europäisches Harmonisierungsamt für den Binnenmarkt (Marken, Muster und Modelle)), Urteil vom 11. Februar 1999, «Vennoostschap onder Firma Senta Aromatic Marketing».
2. Gerichtshof der Europäischen Union, Urteil vom 12. Dezember 2002, «Sieckmann».

3. Artikel L. 112-1 des Gesetzes über das geistige Eigentum.

4. Urteil des Pariser Berufungsgerichts vom 3. Juli 1975.

5. Rechtsstreitigkeiten bezüglich des literarischen und künstlerischen Eigentums werden der Ersten Zivilkammer zugewiesen.

6. Amtsgericht Paris, 27. März 1998, L'Oréal gegen PLD Enterprises.

7. Amtsgericht Paris, 26. Mai 2004, Unternehmen L'Oréal und andere Firmen gegen Unternehmen Bellure und andere Firmen.

GLOSSAR

Absolue: Erzeugnis, das nach einer Kaltextraktion der löslichen Bestandteile eines «Concrète» – einer lösungsmittelfreien Paste, zumeist aus Pflanzenstoffen – gewonnen wird.

Ätherisches Öl: Erzeugnis, das durch Wasserdampfdestillation frischer oder getrockneter Pflanzenteile gewonnen wird.

Akkord: Geruchsergebnis der Zusammenstellung von mindestens zwei Riechstoffen.

Aldehyde: bezeichnen chemische Verbindungen sowie bestimmte synthetische Stoffe, die einen starken Geruch abgeben. Seit 1905 finden Aldehyde in der Parfumherstellung Verwendung.

Ambra: Das Wort «Ambra» bezeichnet eine aus verschiedenen Grundstoffen zusammengesetzte Basisnote, die durch die Bestandteile Vanillin und Labdanum gekennzeichnet ist. Dieser Akkord bestimmt die nach Ambra duftenden und zuweilen als orientalisch bezeichneten Parfums.

Ambra (graue, wachsartige Substanz): Pathologische Absonderung aus dem Darm des Pottwals. Die durch das Tier ausgeschiedene Substanz treibt auf dem Meer und wird am Ufer aufgesammelt. Der Stoff wird nur selten verwendet.

Archetypus: Beurteilung eines Parfums aufgrund seiner wesentlichen Merkmale. Es handelt sich um ein vollendetes Erzeugnis seiner Klasse. Diesem werden andere Parfums zugeordnet, die eine «Familienähnlichkeit» zu ihm bzw. den Duft betreffende Übereinstimmungen mit ihm aufweisen.

Aufguss: alkoholisches Erzeugnis, das einen verdünnten und über einen Zeitraum von mehreren Monaten mazerierten, natürlichen oder synthetischen Rohstoff enthält.

Basen: harmonische Mischung einiger Riechstoffe, die häufig an ein neues, synthetisches Molekül gebunden sind.

Balsam: zähflüssige, pflanzliche Ausschwitzungserzeugnisse, die in diesem Zustand zur Parfumherstellung verwendet werden können.

Chromatografie: Analyseverfahren zur Untersuchung der Zusam-

167

mensetzung sowie zur Identifizierung und mengenmäßigen Bestimmung eines Rohstoffes oder eines Parfums.

Chypre-Noten: Bezeichnung einer Duftfamilie. Der Chypre-Akkord wird durch die Zusammenstellung von Eichenmoos, Labdanum und Patschuli erzeugt.

Concrète: Erzeugnis, das nach Extraktion frischer Pflanzenteile (Blumen, Blätter, Flechten, Körner, Holz, usw.) mittels eines flüchtigen Lösungsmittels gewonnen wird.

Eau de Cologne: Diese Bezeichnung geht auf den Namen der Stadt Köln zurück. Es handelt sich um ein im Wesentlichen aus Zitrusfrüchten zusammengesetztes und stark in 70-prozentigem Ethanol verdünntes Parfum.

Eau de Toilette: ein aus Ethanol, Wasser, einem Parfumkonzentrat und manchmal auch einem Farbstoff zusammengesetztes Parfum. Die Konzentration eines Eau de Toilette unterliegt ästhetischen Kriterien.

Essenz: Erzeugnis, das auf kaltem Wege durch Ausdrücken der Schalen von Zitrusfrüchten gewonnen wird.

Extrait: das Parfum mit der höchsten Konzentration von Duftstoffen.

Festphasenmikroextraktion oder SPME: Analyseverfahren, das mobiler als die Head-Space-Analyse ist. Es wird mithilfe einer Spritze durchgeführt, die mit einer mit einem Ad-hoc-Lösungsmittel getränkten Faser ausgestattet ist. Auf diese Weise lassen sich die flüchtigen Bestandteile, die man untersuchen möchte, einfangen und konzentrieren.

Fougère-Noten: Phantasiename zur Bezeichnung einer Duftfamilie. Der Fougère-Akkord wird durch die Zusammenstellung von Baummoos, Lavendel und Kumarin erzeugt.

Head-Space-Analyse: Analyseverfahren, das hauptsächlich dazu dient, den von Pflanzen abgegebenen Duft (Blüten, Früchte, usw.) direkt aufzufangen. Die Substanzen, die sich auf einem absorbierenden Filter abgesetzt haben, werden im Labor mittels Chromatografie und Massenspektrometrie untersucht und bestimmt, sodass sie anschließend wieder zusammengesetzt werden können.

Mazeration: der zur Geruchsstabilisierung eines Parfums erforderliche Zeitraum. Das Mazerat ist das Ergebnis verschiedener physikalischer und chemischer Reaktionen zwischen den Bestandteilen des Parfums und dem Ethanol.

Moschus: synthetisches Erzeugnis, das von großer Beständigkeit ist. Moschus kommt auch als Substanz tierischen Ursprungs vor, die allerdings nur selten verwendet wird.

Reifung: der zur Geruchsharmonisierung eines Parfumkonzentrats – einer Mischung aus synthetischen und natürlichen Riechstoffen – erforderliche Zeitraum.

Resinoid: Erzeugnis, das durch Ethanolextraktion von Balsamen bei anschließender Verdampfung des Alkohols gewonnen wird.

Träger: Lösungsmittel, in dem das Parfumkonzentrat verdünnt wird (Alkohol, Gas, Reinigungsmittel, Seife, usw.).

Teststreifen: Löschpapierstreifen, der die olfaktorische Wahrnehmung von Riechstoffen und Parfums erlaubt.

BIBLIOGRAFIE

Zur Vervollkommnung seiner Kenntnisse findet der Leser nachstehend die Titel einiger weiterführenden Literaturangaben.

Geschichte
La parfumerie française et l'art de la présentation, Paris 1925.
Le Guérer, Annick, Le parfum: des origines à nos jours, Paris 2005.

Parfumeure
Roudnitska, Edmond, L'esthétique en question: introduction à une esthétique de l'odorat, Paris 1977.
Barillé, Elisabeth, Coty: parfumeur et visionnaire, Paris 1995.

Wissenschaft und Technik
Neuner-Jehle, Norbert/Etzweiler, Franz, The Measuring of Odors, in: Perfumes: Art, Science and Technology, hrsg. v. Peter M. Müller und D. Lamparsky, London 1991.
Perfumes: Art, Science and Technology, hrsg. v. Peter M. Müller und D. Lamparsky, London 1991.
Holley, André, Éloge de l'odorat, Paris 1999.

Parfumpflanzen
Rolet, Antonin, Plantes à parfums et plantes aromatiques, Paris 1998 (Nachdruck der Ausgabe von 1918, ergänzt durch die von 1932).

DANKSAGUNG

Als Autodidakt habe ich mich durch das Zusammentreffen mit Personen und Persönlichkeiten und natürlich durch deren Werke gebildet; im Übrigen gilt mein Dank zuerst meiner Familie und meinen Kindern und dann meinen Freundinnen und Freunden – Musiker, Maler, Schriftsteller, Künstler, Philosophen, Forscher, Juristen, Fotografen –, die mir begegnet sind, deren Werke ich gelesen oder denen ich einfach nur zugehört habe.

Schließlich gilt mein Dank selbstverständlich dem Hause Hermès, einer Heimstätte von Handwerkern und Künstlern.

AUS DEM VERLAGSPROGRAMM

Literatur aus Frankreich bei C.H.Beck

David Foenkinos
Das erotische Potential meiner Frau
Roman
Aus dem Französischen von Moshe Kahn
2005. 188 Seiten. Gebunden

David Foenkinos
Größter anzunehmender Glücksfall
Roman
Aus dem Französischen von Christian Kolb
2006. 221 Seiten. Gebunden

David Foenkinos
Nathalie küsst
Roman
Aus dem Französischen von Christian Kolb
12. Auflage. 2012. 239 Seiten. Klappenbroschur

David Foenkinos
Souvenirs
Roman
Aus dem Französischen von Christian Kolb
2012. 333 Seiten. Klappenbroschur

David Foenkinos
Unsere schönste Trennung
Roman
Aus dem Französischen von Christian Kolb
2010. 207 Seiten. Gebunden

Erik Orsenna
Cristóbal
oder Die Reise nach Indien
Aus dem Französischen von Holger Fock und Sabine Müller
2012. 318 Seiten mit 2 Karten. Gebunden

Erik Orsenna
Die Zukunft des Wassers
Eine Reise um unsere Welt
Aus dem Französischen von Caroline Vollmann
2010. 319 Seiten mit 9 Karten. Gebunden

Erik Orsenna
Geschichte der Welt in 9 Gitarren
Roman
Begleitet von Thierry Arnoult. Aus dem Französischen von
Holger Fock und Sabine Müller
2006. 103 Seiten. Gebunden

Erik Orsenna
Lied für eine geliebte Frau
Roman
Aus dem Französischen von Holger Fock
und Sabine Müller
2010. 156 Seiten. Gebunden

Erik Orsenna
Lob des Golfstroms
Aus dem Französischen von Annette Lallemand
2. Auflage. 2007. 239 Seiten mit 4 Karten. Gebunden

Erik Orsenna
Portrait eines glücklichen Menschen
Der Gärtner von Versailles André le Notre 1613–1700
Aus dem Französischen von Annette Lallemand
5. Auflage. 2009. 144 Seiten. Leinen

Erik Orsenna
Weiße Plantagen
Eine Reise durch unsere globalisierte Welt
Aus dem Französischen von Antoinette Gittinger und Uta Goridis
2. Auflage. 2007. 288 Seiten mit 2 Abbildungen und 6 Karten.
Gebunden